Volker Wiskamp

Chemie und Nachhaltigkeit
-
Eine Chemie-Vorlesung für Studierende der *Nicht*-MINT-Fächer

Chemie
und
Nachhaltigkeit

Eine Chemie-Vorlesung
für Studierende
der Nicht-MINT-Fächer

Volker Wiskamp

Bibliografische Information der deutschen Nationalbibliothek:
Die Deutsche Nationalbibliothek verzeichnet diese Publikation
in der deutschen Nationalbibliografie;
detaillierte bibliografische Daten sind im Internet
über dbn.dbn.de abrufbar.

Herstellung und Verlag: BoD – Books on Demand, Norderstedt

ISBN: 978-3-7562-0149-5

Vorwort

ALS ich in der zweiten Hälfte der 1970er und am Anfang der 1980er Jahre studierte und promovierte, war meine private Clique recht grün gefärbt. Die Umwelt-, Friedens- und Anti-Atomkraftbewegung war gerade so richtig in Schwung gekommen. Als einziger Naturwissenschaftler und dazu noch Chemiker in meinem Freundeskreis musste ich mir manche Anfeindung als Giftmischer und Naturzerstörer gefallen lassen. Das fand ich zwar nicht gerade toll; es hat mich aber auch nicht sonderlich berührt, zumal mir die Ambivalenz der Chemie bewusst war, dass es eben auch die positive, lebensfördernde Seite dieser Fachdisziplin gibt und schließlich alles Leben auf Chemie basiert. Was mich aber wirklich geärgert hat, war, dass die meisten meiner Freunde keine oder höchstens geringe Fachkenntnisse besaßen, z.B. was DDT überhaupt ist, wie eine Uranspaltung funktioniert und was Radioaktivität bewirkt. (Vom Treibhauseffekt war damals noch keine Rede.) Ich gestand ihnen selbstverständlich ihre berechtigte Angst vor der globalen Vergiftung und Verstrahlung der Erde sowie von uns Menschen zu, teilte sie auch und fand es deshalb lobenswert und gut, dass sich die junge Generation dagegen engagierte, aber irgendwie hatte ich das Gefühl, dass meine Freunde nicht richtig wussten, worüber sie redeten.

Auch ich war und bin gegen die Atomenergie. Irgendwann sagte ich meinen Freunden, dass ich im Fernsehen, Radio oder bei Demos am liebsten solchen Atomgegner zuhöre, die Atomphysik studiert hatten – davon gab es einige –, denn die wüssten, worüber sie reden, und könnten die realen Gefahren fachlich korrekt einschätzen und begründen. Diesen Kommentar fanden meine Freunde wiederum nicht so toll, sondern arrogant von mir.

Nun gut, jedenfalls hat mir die damalige Zeit mit meinen Freunden, die Geistes-, Kunst-, Kultur-, Gesellschafts- und Sozialwissenschaften studierten, klargemacht, wie wichtig die Kommunikation von Naturwissenschaft sowie Technikfolgeabschätzungen sind. Naturwissenschaftler müssen die richtige Sprache finden, mit der sie ihren Mitmenschen, die *keine* Naturwissenschaftler sind, die Relevanz naturwissenschaftlicher Phänomene und Fakten für jegliches Leben auf der Erde anschaulich und überzeugend vermitteln. Das ist heute in Anbetracht von Klimawandel, Artensterben, Ressourcenknappheit, Umweltzerstörung, Überbevölkerung etc. noch wichtiger als vor 40 Jahren.

Beruflich bin ich als Hochschullehrer zwar kein Giftmischer, in meiner Funktion als Prüfer für jungen Menschen dennoch nicht ganz ungefährlich geworden, hatte aber darüber hinaus das große Glück, mein chemisches Fachwissen mit Wissenschaftskommunikation kombinieren zu können, insbesondere in Hinblick auf Ökologie und Nachhaltigkeit.

MIT dem vorliegenden Buch komplettiere ich ein Ökologie-Quartett. (Ursprünglich war nur eine Trilogie geplant, aber neue Ideen kommen nun mal ganz plötzlich.) Im ersten Teil, »Die globale Meta-Krise aus dem Blickwinkel der Chemie« [1], habe ich Seminare aus den letzten Jahren zusammengefasst, in denen ich mich mit meinen Studierenden klassischer und aktueller populärwissenschaftlicher Öko-Literatur und Dokumentarfilmen, wirtschaftlichen und politischen Aspekten der Ökologie, Ökosystemen, Ernährung, Wasser- und Luftreinhaltung usw. gewidmet habe, als Anregung für andere Lehrende, eigene und lohnende Öko-Seminare zu konzipieren und durchzuführen. Im zweiten Teil, »Ökologisches Manifest – 95 Thesen« [2], bitte ich die Chemie-Lehrenden aller Länder, sich zu vereinigen, um die Forderung des Diogenes, „Geh‘ mir aus der Sonne“, zu realisieren und die Solarenergie als die wichtigste Quelle zur Energieversorgung der Erde und der Menschheit zu predigen. Der dritte Teil ist »Eine virtuelle Museumsausstellung mit Begleitseminar« [3], wo ich Ideen für einen fächerübergreifenden Chemieunterricht liefere, damit der Übergang „Vom Anthropozän ins Symbiozän“ gelingt und die Menschheit – durch Bildung – einsieht, sich nicht länger als Beherrscher der Natur aufzufassen, sondern als deren integraler Bestandteil.

Der vierte Teil, das hier vorliegende Buch, richtet sich an Studierende der *Nicht*-MINT-Fächer, also der Geistes-, Kunst-, Kultur-, Gesellschafts- und Sozialwissenschaften – wie es vor 40 Jahren meine Freunde waren –, denen ich eine Chemie-Vorlesung halte und dabei Stoffgeschichten erzähle, vom Zucker, Eisen, Nitrat etc., um neben grundlegendem Fachwissen vor allem die Ambivalenz dieser Stoffe zu vermitteln, damit schädliche Wirkungen in Zukunft vermieden und positive gefördert werden, ganz im Einklang mit den globalen Nachhaltigkeitszielen der Agenda 2030. In den Vorträgen gibt es keine Reaktionsmechanismen, kein stöchiometrisches Rechnen, sondern – hoffentlich spannendes – Story-Telling als fachdidaktische Methode. In diesem Sinne ist das vorliegende Buch auch als Anregung für Lehrkräfte gedacht.

Im Frühjahr 2022 habe ich dieses Konzept mit Studierenden im Rahmen von fachdidaktischen Projekten, Berufspraktika und Bachelorarbeiten entwickelt. Als Basisliteratur diente dazu die vierzehnbändige Buchserie »Stoffgeschichten« des oekom-Verlags [4 und 5-18], welche die Studierenden arbeitsteilig analysiert haben. Für ihr engagiertes Mitwirken und die konstruktive und freundliche Zusammenarbeit danke ich Madiha Atiq, Maha Ben Hamouda, Myriam Ben Nticha, Parvaneh Shoghian, Polina Campos Tumanova, Abdellatif Hmiza, Alireza Kaviani, Khaoula Lemalmi und Kristina Masalimov.

Auch dieses letzte Buch meines Öko-Quartetts – ein weiteres Buch wird nicht mehr folgen, weil ich bald in den Ruhestand eintrete – widme ich meinem Sohn Yoshiki.

Darmstadt, im April 2022

Volker Wiskamp

Inhaltsverzeichnis

Seite

Einleitung

An der Hochschule Darmstadt (und an vielen anderen Hochschulen und Universitäten) gibt es für die Studierenden ein verpflichtendes *Sozial- und Kulturwissenschaftliches Begleitstudium (SuK)*, für das insgesamt 10 Creditpoints erworben werden. Hier sollen die jungen Menschen über den Rand ihrer Fachdisziplin hinausschauen. So können angehende Chemieingenieurinnen und -ingenieure und Biotechnologinnen und Biotechnologen wahlweise etwas über andere Länder und Kulturen, über Weltgeschichte, Politik und Wirtschaft, Literatur, Philosophie und/oder Ethik lernen, sodass ihr Bildungshorizont erweitert wird und sie ihr Studienfach in einem größeren Kontext sehen. Dieses Programm hat sich bestens bewährt.

Vor einiger Zeit kam von der Hochschulleitung die Anregung, die Fachbereiche, die MINT-Studiengänge anbieten, könnten vielleicht ein *naturwissenschaftlich-technisches Studium Generale* für alle Studierenden und damit insbesondere auch für solche, die keine Mathematik, Informatik, Naturwissenschaft oder Technik gewählt haben, entwickeln. Diese Überlegung, quasi ein inverses SuK-Programm, stieß bei mir auf offene Ohren, weil es mir – wie ich im Vorwort dargelegt habe – besonders am Herzen liegt, die naturwissenschaftlich-technische Allgemeinbildung so weit voranzutreiben, dass auch *Nicht*-Fachleute gerade in Hinblick auf die vielseitigen Bedrohungen des Ökosystems Erde kompetent mitreden können. „Hört auf die Naturwissenschaft!" klingt in Anbetracht von Klimawandel und Corona-Pandemie plausibel. Noch besser wäre es, wenn auch die *nicht*-naturwissenschaftlich studierten Laien die nötige fachliche Basiskompetenz besäßen, um die Aussagen und Empfehlungen der Expertinnen und Experten nachvollziehen zu können und ihnen nicht nur blind zu vertrauen.

Deshalb habe ich ein Konzept für eine viersemesterwochenstündige Chemie-Vorlesung für Studierende der *Nicht*-MINT-Fächer entwickelt. Dabei war mir klar, dass dieser Personenkreis kein Interesse am Mol und dem stöchiometrischen Rechnen, an Reaktionskinetik oder -mechanismen, also den klassischen Lehrinhalten einer Chemie Grundvorlesung, hat, sondern lieber etwas über chemische Prinzipien und vor allem über Stoffe erfahren möchte, die für das tägliche Leben relevant sind, ökologische und menschliche Katastrophen verschuldet haben bzw. dazu beitragen können, solche zu verhindern, um die vielseitig bedrohte Welt doch noch zu retten oder – um den Anspruch etwas herunterzuschrauben – Schäden zumindest gering zu halten. Die Lehrveranstaltung sollte also zahlreiche narrative Elemente enthalten.

Schließlich sollte sich das Stichwort „Nachhaltigkeit“ als roter Faden durch die Vorlesung ziehen. Nicht nur, weil dieser Begriff zu den drei Leitthemen der Hochschule Darmstadt, nämlich *Mobilität, Digitalisierung und Nachhaltigkeit*, gehört, sondern weil es ein Gebot der Stunde ist, einen verschwenderischen Lebensstil in einen nachhaltigen umzuwandeln, und zwar rasch und weltweit – ein ambitioniertes, aber lohnendes Ziel. Zu Nachhaltigkeitsaspekten kann die Chemie in der Tat viel sagen; zu Methoden der Wasser- und Luftreinhaltung oder zum Recycling, um nur drei Beispiele zu nennen.

GANZ ohne Chemie-Vorkenntnisse der Studierenden möchte ich aber nicht starten; Mittelstufenwissen sollte weitgehend parat sein. Deshalb habe ich im ersten Teil des vorliegenden Buches einen Vorkurs zum Selbststudium zusammengestellt, basierend auf 22 jeweils fünf- bis zehnminütigen Youtube-Videos der renommierten Wissenschaftsjournalistin Mai Thi Nguyen-Kim. Diese Unterrichtseinheiten fassen das Grundwissen über Atombau, Periodensystem, chemischen Bindungen und Reaktionen, Säuren und Laugen sowie über einige bekannte Elemente (insbes. Na, Ca, Mg, Cl) und ihre Verbindungen zusammen – also das, was man chemisches Allgemeinwissen nennt. Des Weiteren sollen die Studierenden *vor* dem Vorlesungsbeginn eine Zusammenfassung der globalen Nachhaltigkeitsziele gelesen haben.

DER zweite Teil dieses Buches beinhaltet die eigentliche Vorlesung und ist so geschrieben, wie ich dort auch spreche. Der Text ist quasi das Vorlesungsskript, die Lesestücke und Abbildungen darin sind die verwendeten Power-Point-Folien und die Reaktionsgleichung das, was ich an die Tafel schreibe.

IM dritten Teil des vorliegenden Buches wende ich mich gleichzeitig an Lehrende, die eine ähnliche Vorlesung planen, und an Lernende, und zwar durch Literaturempfehlungen zum Erlangen von Hintergrundwissen zu den Vorlesungsinhalten. Diese Empfehlungen beziehen sich hautsächlich auf eine vierzehnbändige Buchserie des oekom-Verlags unter dem Titel „Stoffgeschichten“, von denen ich einige in die Vorlesung integriert habe, weil sie allesamt so spannend und vielseitig informativ und lehrreich sind, dass sie sowohl den Lehrenden als auch den Lernenden zur autodidaktischen Weiterbildung wärmstens nahegelegt werden können. Bei der Lektüre wird auch das fachdidaktische Konzept des Erzählens von Stoffgeschichten deutlich. Weitere Empfehlungen beziehen sich auf Dokumentarfilme und ein Hörbuch.

DIE Vorlesung und die Hintergrundliteratur thematisieren oft eine Chemie, die zwar mit großem Optimismus und überschwänglicher Euphorie gestartet worden ist, dann aber mit einigen Jahren zeitlicher Verzögerung unerwartete Folgeprobleme mit teilweise erheblichen Schäden für Mensch und Natur kreierte, beispielsweise die Chemie der Kunstdünger oder der Pflanzenschutzmittel. Das sollte aber nicht zur Frustration und Hoffnungslosigkeit bei den Studierenden führen, denn es gilt der alte didaktische Grundsatz, dass man Fehler zur Sprache bringen muss, um daraus überhaupt erst lernen zu können. Es werden deshalb auch etliche Verbesserungsmöglichkeiten und innovative Neuigkeiten aufgezeigt, genauso wie das, was die Chemie ohne Wenn und Aber Positives geleistet hat, z.B. die Entwicklung des Arzneimittels Aspirin© – für etwas weniger Schmerz auf dieser Welt, wie es in der Bayer-Werbung so schön und vollkommen zu Recht heißt. Und am Schluss des vorliegenden Buches werden wesentliche Schrauben benannt, an denen mit Hilfe der Chemie gedreht werden kann und muss, um die globale Metakrise zumindest abzumildern.

In diesem Sinne wünsche ich viele nützliche Informationen und Freude in der Lehrveranstaltung.

Teil I: Vorkurse Chemie und Nachhaltigkeit

SEHR geehrte Studierende, ich heiße Sie recht herzlich willkommen zur Vorlesung „Chemie und Nachhaltigkeit“. Obwohl Sie im Hauptfach nicht gerade Chemie und auch kein anderes MINT-Fach studieren, wird es für Sie gut und lehrreich sein, sich mit einigen chemischen Grundprinzipien und Stoffen vertraut zu machen. Dann werden Sie besser verstehen, worum es beim Klimawandel geht, wie die Energie- und Wasserbereitstellung für die Menschheit gesichert werden kann, was es für Recycling-Verfahren gibt, was die Vor- und Nachteile der konventionellen und der Bio-Landwirtschaft sind etc.

Die Vorlesung umfasst vier Semesterwochenstunden und wird Ihnen nach einer bestandenen Prüfung (Kap. 3.4) mit fünf Kreditpunkten angerechnet.

Ganz ohne chemische Vorkenntnisse sollten Sie aber nicht in die Vorlesung gehen. Deshalb schlage ich Ihnen im Kapitel 1.1 einen Chemie-Vorkurs vor, den Sie autodidaktisch durcharbeiten sollten.

Da ich in der Vorlesung insbesondere auf das Thema Nachhaltigkeit eingehen werde, wozu die Chemie viel zu sagen hat, möchte ich Sie bitten, sich vorab gemäß Kapitel 1.2 die Beschreibung der globalen Nachhaltigkeitsziele der Agenda 2030 durchzulesen.

1.1 Vorkurs Chemie

IM Internet ist mittlerweile eine Vielzahl von professionellen Lernvideos zu verschieden Teilgebieten der Chemie frei verfügbar, z.B. im *MaiLab*, im *SimpleClub* oder bei *Studyflix* [19].

Ich möchte Sie, sehr geehrte Studierende, bitten, sich *vor* meinem eigentlichen Vorlesungsbeginn folgende Youtube-Videos in der angegebenen Reihenfolge anzuschauen, sodass Sie ein chemisches Grundvokabular besitzen, das für die Vorlesung erforderlich ist. Die Videos geben Highlights des Chemie-Mittelstufenunterrichts wieder.

1. ***Teilchenmodell:***
   https://www.youtube.com/watch?v=ej7-EbeXpmI&list=RDCMUC146qqkUMTrn4nfSSOTNwiA&index=6
2. ***Aggregatzustände:***
   https://www.youtube.com/watch?v=kEFx1X5F2fU
3. ***Bohrsches Atommodell:***
   https://www.youtube.com/watch?v=cG770N48Hzk&list=RDCMUC146qqkUMTrn4nfSSOTNwiA&index=8
4. ***Isotope:***
   https://www.youtube.com/watch?v=6DqCWFC4o6w&list=RDCMUC146qqkUMTrn4nfSSOTNwiA&index=11
5. ***Periodensystem, Teil 1:***
   https://www.youtube.com/watch?v=J2KJRRH0E3Y
6. ***Periodensystem, Teil 2:***
   https://www.youtube.com/watch?v=f5-W87IGLFY
7. ***Oktettregel:***
   https://www.youtube.com/watch?v=4LAKxGIC8UQ
8. ***Atombindung:***
   https://www.youtube.com/watch?v=PsR-HRiGAzA
9. ***Ionenbindung:***
   https://www.youtube.com/watch?v=n6Dr3qY7c6M
10. ***Metallbindung:***
    https://www.youtube.com/watch?v=0bvldHVL_TU
11. ***Wasserstoffbrückenbindung:***
    https://www.youtube.com/watch?v=lO_NSF1PeVI
12. ***Strukturformeln:***
    https://www.youtube.com/watch?v=toQD3nPZQn4&list=RDCMUC146qqkUMTrn4nfSSOTNwiA&index=3
13. ***Redoxreaktionen:***
    https://www.youtube.com/watch?v=csRIZZuIC0Q&list=RDCMUC146qqkUMTrn4nfSSOTNwiA&index=5
14. ***Säuren und Laugen im Alltag:***
    https://www.youtube.com/watch?v=0odQLq6EJBc
15. ***Säuretheorie nach Brønsted:***
    https://www.youtube.com/watch?v=x93KKVDahKY
16. ***Basen und Laugen:***
    https://www.youtube.com/watch?v=J0-LFHwcgZs
17. ***Halogene:***
    https://www.youtube.com/watch?v=CC1IIka6Khg

18. ***Alkalimetalle:***
https://www.youtube.com/watch?v=NpgVk9leUbs
19. ***Erdalkalimetalle:***
https://www.youtube.com/watch?v=4XpfUyMV6Bo
20. ***Edelgase:***
https://www.youtube.com/watch?v=ITi6FA67nPk
21. ***Luft:***
https://www.youtube.com/watch?v=ySBV5DBap5A&list=RDCMUC146qqkUMTrn4nfSSOTNwiA&index=4
22. ***Stofftrennungen:***
https://www.youtube.com/watch?v=W66TqZOi2sc&list=RDCMUC146qqkUMTrn4nfSSOTNwiA&index=9

Ich habe Videos der renommierten Wissenschaftsjournalistin, Fernsehmoderatorin und promovierten Chemikerin Mai Thi Nguyen-Kim ausgewählt. Wenn Sie eher auf die Jungs von *SimpleClub*, dem selbsternannten coolsten Nachhilfeteam, oder auf die hübschen Animationen von *Studyflix* stehen, finden Sie die genannten Fachthemen dort auch.

1.2 Vorkurs Nachhaltigkeit

In der Abbildung 1 sind die 17 globalen Ziele für nachhaltige Entwicklung der Agenda 2030 (Sustainable Development Goals, SDGs) aufgelistet. Lesen Sie sich deren Beschreibung bitte einmal durch unter https://www.bundesregierung.de/breg-de/themen/nachhaltigkeitspolitik/nachhaltigkeitsziele-verstaendlich-erklaert-232174 [20].

Ziele für nachhaltige Entwicklung

1. Armut in jeder Form und überall beenden
2. Ernährung weltweit sichern
3. Gesundheit und Wohlergehen
4. Hochwertige Bildung weltweit
5. Gleichstellung von Frauen und Männern
6. Ausreichend Wasser in bester Qualität
7. Bezahlbare und saubere Energie
8. Nachhaltig wirtschaften als Chance für alle
9. Industrie, Innovation und Infrastruktur
10. Weniger Ungleichheiten
11. Nachhaltige Städte und Gemeinden
12. Nachhaltig produzieren und konsumieren
13. Weltweit Klimaschutz umsetzen
14. Leben unter Wasser schützen
15. Leben an Land
16. Starke und transparente Institutionen fördern
17. Globale Partnerschaft

Abbildung 1: 17 Ziele für nachhaltige Entwicklung der Agenda 2030 [20].

Teil II: Vorlesung Chemie und Nachhaltigkeit

2.1 Allgemeine Aspekte von Chemie und Nachhaltigkeit

SEHR geehrte Studierende, die in der Abbildung 1 aufgelisteten Nachhaltigkeitsziele sind alle ehren- und erstrebenswert, und es lohnt sich, dafür einzustehen, dafür zu kämpfen. Mit unserer Vorlesung erfüllen wir an erster Stelle das Ziel Nr. 4: Hochwertige Bildung.

Doch bei der Vielseitigkeit der Nachhaltigkeitsziele wird der Begriff „Nachhaltigkeit" schwammig und kann sogar missbraucht werden. Leugner des Klimawandels behaupten z.B., CO_2-Emissionen seien wichtig, um den Pflanzen diesen Nährstoff für ihre Fotosynthese zu liefern und ihnen damit ihr nachhaltiges Wachstum zu sichern (Kap. 2.2.3.3). Und wird ein Produzent von Sprengstoffen für das Militär nicht behaupten, er sichere damit nachhaltig den Frieden durch Abschreckung?

Ich möchte deshalb zunächst auf die *Ur-Definition von Nachhaltigkeit* zurückgreifen. Hans Carl von Carlowitz (1645-1714) schrieb 1713 das erste Buch über Forstwirtschaft und gilt als der Erfinder des forstwirtschaftlichen Nachhaltigkeitsbegriffs [21]: Damit ein Wald dauernden Bestand habe, dürfe man ihm jährlich nur so viele Bäume durch Fällung entnehmen, wie neue nachwachsen. Nun, Holz ist ein sogenannter nachwachsender Rohstoff (Kap. 2.2.4.2), und die Forstwirtschaft funktioniert gemäß der Handlungsanweisung des königlich-polnischen und kurfürstlich-sächsischen Kammer- und Bergrats sowie Oberberghauptmann des Erzgebirges (zumindest in Deutschland) sehr gut. Doch wie sieht es bei mineralischen Rohstoffen aus? Wir können den Apatit-Lagerstätten das Calciumphosphat als Düngemittel entnehmen. Doch dieser Stoff „wächst" erst in Millionen Jahren durch geophysikalische und geochemische Prozesse nach, sodass wir seine natürlichen Lagerstätten in absehbarer Zeit ausgebeutet haben werden (Peak Phosphat). Was dann? Nachhaltigen Phosphatabbau gibt es nicht; es müssen deshalb andere Phosphat-Quellen gesucht werden (Kap. 2.2.6). Wenn das nicht gelingt, gerät die Landwirtschaft rasch an ihre Grenzen und damit die

Menschheit an die Grenzen ihres Wachstums. Schlimmer noch: Dann droht ein Notstand bei der Nahrungsmittelversorgung. Davor haben Dennis Meadows und sein Team bereits 1972 eindringlich gewarnt [22].

Gibt es ein nachhaltiges Wirtschaftswachstum? Jein. Gleichmäßige jährliche zweiprozentige globale Steigerung der Wirtschaftsleistung durch erhöhte Fleisch- und Milchproduktion ist indiskutabel; entsprechendes Wirtschaftswachstum durch die Herstellung von Solarzellen oder Windräder ist hingegen prima. Meine persönliche Meinung ist, dass die Welt ohne eine gewisse Einschränkung unseres Wohlstandes und Konsumverhaltens große Probleme bekommen wird, die sich jetzt schon abzeichnen. Doch ist eine Degrowth-Bewegung überhaupt harmonisch realisierbar oder ist sie der Beginn einer zerstörerischen (Welt)-Revolution? (Vgl. [1], S. 94-95.)

DIE Nachhaltigkeitsdiskussion werden wir im Laufe der Vorlesung an mehreren Stellen fortführen. Nun widmen wir uns aber zunächst einigen Grundgesetzen und Prinzipien der Chemie.

2.1.1 Das Gleichgewicht

STARTEN wir, meine Damen und Herren, ein Experiment (Abb. 2). Wir geben Essigsäure, CH_3CO_2H, und Ethanol, CH_3CH_2OH, in einen Kolben und als Katalysator etwas Schwefelsäure hinzu. Es findet eine Reaktion zwischen den beiden Ausgangsstoffen (Edukten) statt, wobei zwei neue Stoffe (Produkte) entstehen, und zwar Essigsäureethylester, $CH_3CO_2CH_2CH_3$, und Wasser, H_2O. (So einen Reaktionstyp nennt man Kondensation.)

Am Anfang haben wir viele Teilchen der beiden Ausgangsstoffe im Reaktor, sodass die Wahrscheinlichkeit hoch ist, dass sie zusammenstoßen und miteinander reagieren. Die Reaktion läuft also schnell in die Richtung der Produkte (Hinreaktion). Mit der Zeit nimmt die Teilchenzahl (bzw. Konzentration; üblicherweise mit einer eckigen Klammer, [], ausgedrückt) reaktionsbedingt ab, sodass sich die Bildung weiterer Ester- und Wasser-Moleküle verlangsamt. Wenn mit der Zeit immer mehr davon entstehen, erhöht sich aber auch die Wahrscheinlichkeit, dass sie im Kolben zusammenstoßen und zu den ursprünglichen Stoffen Essigsäure und Ethanol zurückreagieren (Rückreaktion). (So einen Reaktionstyp nennt man Hydrolyse.)

Sie sehen schon, verehrte Studierende, worauf das Ganze hinausläuft. Irgendwann halten sich Kondensation und Hydrolyse die Waage. Die im Reaktor befindlichen Moleküle interagieren zwar weiterhin in die eine oder andere Richtung, aber an ihren Konzentrationen im Kolben ändert sich nichts mehr. Diesen Zustand bezeichnet man als das chemische Gleichgewicht, das sich durch das Massenwirkungsgesetz mathematisch beschreiben lässt:

Im Gleichgewicht ist das mathematische Produkt der Konzentrationen der eingesetzten Stoffe geteilt durch das mathematische Produkt der Konzentrationen der entstandenen Stoffe konstant.

Die Zahl K nennt man die chemische Gleichgewichtskonstante. Für die Essigsäureethlester-Bildung beträgt sie ungefähr 4. D.h., dass im Gleichgewicht etwa viermal so viel Ester und Wasser da sind wie Säure und Alkohol. Anders ausgedrückt: Das Gleichgewicht liegt auf der rechten Seite der Reaktionsgleichung; die Hinreaktion ist stärker ausgeprägt als die Rückreaktion.

Eine Gleichgewichtskonstante ist in der Regel temperaturabhängig, d.h. die Lage eines chemischen Gleichgewichtes wird von der Temperatur in die eine oder andere Richtung verschoben.

Nehmen wir hier schon einmal vorweg: *Auch Ökosysteme, die quasi riesige Chemie-Reaktoren mit tausenden verschiedenen Inhaltsstoffen sind, verändern sich mit der Temperatur, sodass eine globale Temperaturerhöhung unweigerlich zur Veränderung der Lebensräume auf der Erde führen muss und wird.*

$$\text{Essigsäure} + \text{Ethanol} \underset{\textit{Rückreaktion}}{\overset{\textit{Hinreaktion}}{\rightleftharpoons}} \text{Essigsäureethylester} + \text{Wasser}$$

Im Gleichgewicht: $$\frac{[\text{Ester}] \cdot [\text{Wasser}]}{[\text{Säure}] \cdot [\text{Alkohol}]} = K$$

Abbildung 2: Massenwirkungsgesetz.

LASSEN Sie uns das Experiment modifizieren, indem wir zusätzlich Methanol, CH_3OH, hinzufügen. Dieser andere Alkohol kann ebenfalls mit der Essigsäure reagieren; dann entsteht ein zweiter Ester, und zwar der Essigsäuremethylester (und Wasser), der im

Sinne einer Rückreaktion wieder zerfallen kann. Sie staunen, meine Damen und Herren, wie das Geschehen in unserem Kolben komplexer wird. Und das ist noch nicht alles, denn es kann sogar noch ein weiterer Reaktionstyp ablaufen, die Umesterung. Dabei reagiert der Essigsäureethylester mit Methanol zum Essigsäuremethylester und Ethanol – und zurück. Wir haben jetzt vernetzte Gleichgewichte (Abb. 3).

$$CH_3COOH + CH_3CH_2OH \rightleftharpoons CH_3COOCH_2CH_3 + H_2O$$

$$CH_3COOH + CH_3OH \rightleftharpoons CH_3COOCH_3 + H_2O$$

$$CH_3COOCH_2CH_3 + CH_3OH \rightleftharpoons CH_3COOCH_3 + CH_3CH_2OH$$

Abbildung 3: Vernetzte Gleichgewichte.

MACHEN wir nun einen Analogschluss zum biologischen Gleichgewicht, dem *Räuber-Beute-Verhältnis* (Abb. 4). Nehmen wir an, in einem Wald lebt eine kleine Gruppe Hirsche. Diese knabbern besonders gerne an jungen Bäumen. Weil es den Tieren gut geht, vermehren sie sich kräftig. Die kleinen Bäume hingegen leiden immer mehr und gehen schließlich ein. Dann fehlt den Hirschen eine wichtige Nahrungsgrundlage, so dass sie verhungern; d.h. ihre Population nimmt ab. Vermutlich sind die Tiere aber so clever, zu migrieren und sich einen neuen Lebensraum zu erschließen. *(Der Verlust einer Lebensgrundlage war und ist die Hauptursache von Migration – auch von Menschen!)* Wenn sie weg sind, können sich die Bäume erholen … bis die Hirsche zurückkommen.

Es gibt also periodische Schwankungen zwischen der Anzahl der Bäume (Beute) und der Hirsche (Räuber). Die Amplituden der beiden Wellenfunktionen sind dabei zeitversetzt. Ein biologisches Gleichgewicht liegt vor, wenn die Anzahl der Beutewesen und die der Räuber konstant ist.

Das hört sich sehr ähnlich wie das chemische Gleichgewicht an.

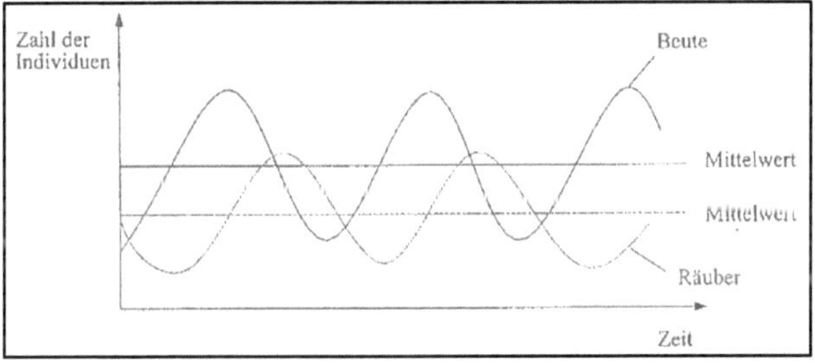

Abbildung 4: Räuber-Beute-Verhältnis und biologisches Gleichgewicht [23].

NUN ergänzen wir auch dieses biologische Gedankenexperiment. Was geschieht, wenn in den Wald mit den Hirschen ein Wolfsrudel eindringt? Diese neuen Räuber nehmen sich die Hirsche zur Beute, vermindern dadurch deren Population, und vermehren sich selbst. Nutznießer dieser neuen Räuber-Beute-Beziehung sind die jungen Bäume, die kaum noch von den verängstigten und in ihrer Zahl reduzierten Hirschen genascht werden. Den Wölfen geht es erst schlecht, wenn sie die Hirsche weitgehend verspeist haben; dann müssen sie sich ein neues Revier oder andere Beutetiere, z.B. Schafe, die sich in der Nähe in menschlicher Obhut befinden, suchen. Erst wenn die Wölfe auswandern, kommen die Hirsche zurück …

Ich habe dieses idealisierte Gedankenexperiment mit den Wölfen gewählt, weil die Wiederansiedlung der zuvor ausgerotteten Tiere den Yellowstone-Nationalpark sehr erfolgreich renaturiert hat und weil auch in Deutschland mit großem Interesse beobachtet wird, wie sich der deutsche Wald durch die zunehmende Rückkehr der Wölfe hoffentlich positiv verändern wird.

Bekommen Sie, meine Damen und Herren, allmählich ein Gefühl dafür, wie komplex Ökosysteme sind? Und ist es deshalb nicht berechtig zu sagen, dass in der Natur alles mit allem zusammenhängt und dass sich ein Ökosystem auf jeden Fall mehr oder weniger verändern wird, wenn man auch nur eine Komponente, sei es eine Chemikalie oder ein Lebewesen, hinzufügt oder entfernt? Wir werden diesen Gedanken noch oft aufgreifen.

2.1.2 Auf die Dosis kommt es an

SPUREN von Kobalt brauchen wir Menschen als Zentralatom für unser Vitamin B12; eine höhere Konzentration des Übergangsmetalls ist für uns tödlich. Jeder Boden benötigt Nitrat als Nährstoff für die Pflanzen; wenn der Boden aber überdüngt wird, nehmen die Pflanzen zu viel Nitrat auf, welches später auf unserem Teller landet oder vom Regen ausgewaschen wird, sodass an anderer Stelle eine Überdüngung stattfindet (Kap. 2.2.5). Morphium ist ein phantastisches Mittel in der professionellen medizinischen Schmerztherapie; als Droge missbraucht verursacht es hingegen enormes menschliches Leid (Kap. 2.2.8.2).

Diese drei Beispiele – und weitere werden in der Vorlesung folgen – zeigen, dass alle Stoffe irgendwie gebraucht werden, dass es aber sehr wohl darauf ankommt, wo und in welcher Konzentration sie auftauchen bzw. zum Einsatz kommen.

Diesen Gedanken formulierte Paracelsus (1493/1494-1541) schon vor ca. 500 Jahren, an der Schwelle von der Alchemie zur Chemie, folgendermaßen [24]:

„Alles ist Gift und Nichts ist Gift. Allein die Dosis macht, dass ein Ding kein Gift ist!“

Der Satz ist zwar kein Naturgesetz, aber eine große Weisheit in den Naturwissenschaften.

2.1.3 Energie – Gewinnung? Verlust? Erhaltung?

DER Energieerhaltungssatz ist ein Naturgesetz (erster Hauptsatz der Thermodynamik):

Energie kann weder gewonnen werden, noch verloren gehen. Sie wandelt sich aber ständig von einer Form in eine andere um.

Wenn gesagt wird: „Windräder dienen zur Energiegewinnung“, so ist das im physikalischen Sinne eigentlich falsch. Die Räder werden nämlich lediglich dazu benötigt, um Windenergie in elektrische Energie umzuwandeln. Sprachlich korrekt wäre es deshalb zu sagen: „Windräder dienen zur Energiebereitstellung.“

Hier eine kleine Liste von Energieumwandlungen:

- Chemische Energie in Wärmeenergie, z.B. Verbrennung von Kohle
- Lichtenergie in chemische Energie, z.B. Fotosynthese der Pflanzen
- Lichtenergie in elektrischen Strom, z.B. Solarzelle
- Kinetische Energie in elektrische Energie, z.B. fließendes Wasser, das eine Turbine antreibt
- Elektrische Energie in Lichtenergie, z.B. Glühbirne
- Chemische Energie in Volumenarbeit, z.B. Explosionen
- Chemische Energie in Lichtenergie, z.B. Glühwürmchen

Heraklit (ca. 520-460 v. Chr.) hat den Energieerhaltungssatz sinngemäß schon früher formuliert: *Alles fließt!*

2.1.4 Das Chaos wird immer größer

DIESEM Satz stimmt wohl jeder zu. Man denke nur daran, wie sich in unserem Home-Office das Chaos automatisch einstellt – ohne dass wir Chaoten wären. Das Aufräumen des Zimmers fordert uns hingegen einige Lebensenergie ab. Ist Chaos in dem Sinne eine (negative) Energie? Nein, aber das mathematische Produkt von Chaos und Temperatur ist eine solche. Nun, ich benutze hier populärwissenschaftlich den Begriff Chaos für das, was wissenschaftlich korrekt Entropie heißt. Und der saloppe Satz „Das Chaos wird immer größer“ lautet in Form des zweiten Hauptsatzes der Thermodynamik:

In einem geschlossenen System strebt die Entropie einem Maximum zu.

Lesen wir zum Entropiegesetz bitte den folgenden Text des Chemieingenieurs Klaus Lucas [25] (Lesetext 1):

Das Entropiegesetz

Lokal und temporär bilden sich Strukturen durch Selbstorganisation; gleichzeitig entsteht Chaos an den Rändern des Systems. Das sind keine Gegensätze. Die beiden Prozesse gehören vielmehr zusammen und stehen in Übereinstimmung mit dem Entropiegesetz.

Es gibt eine Koexistenz von Aufstieg und Niedergang. Bezogen auf die Zivilisation und Gesellschaft heißt das: Wir können Inseln der Ordnung schaffen, wenn wir Chaos in ihrer Umgebung akzeptieren. Entropie- und Chaosproduktion sind die Triebkraft für den Aufstieg innen und den Niedergang außen.

Nichts andres haben wir in der Vergangenheit getan. Wir haben in Teilbereichen der Welt Wohlstand und Überfluss geschaffen, und dabei die Ausbeutung und Schädigung eines großen Bereichs unserer Welt, insbesondere der natürlichen Welt, in Kauf genommen. Es gibt überall ein Innen und Außen, und es ist das Streben jedes einzelnen, drinnen zu sein und nicht draußen zu bleiben. Das Entropiegesetz ist die Triebkraft dieser Strukturbildung, aber auch das Gesetz ihres Preises. Das heißt auch: Es gibt keine Zukunft in der Welt ohne Entropieproduktion, es gibt nur die zweckmäßige Entscheidung über den Bereich, in dem wir Aufstieg wollen, und den Bereich, in dem wir Entropietribut abführen. ***Es gibt keine wirtschaftliche Blüte innerhalb von Stadtmauern ohne eine Mülldeponie außerhalb.*** *Ein System kann sich nur so viel Ordnung leisten, wie es an entropischem Chaos nach außen abführen kann.*

Innerhalb dieses grundsätzlichen Rahmens aber gibt es im Detail einen weiten Gestaltungsfreiraum. Die Minimierung des Entropiezolls, den wir für unseren Aufstieg zahlen müssen, ist die größte Aufgabe moderner Technik. Die Leitlinie dafür heißt: Vermeidung unnötiger Prozesse, unnötig hohen Energiedurchsatzes, unnötig naturfremder Chemikalien. Jede unnötige, nicht strukturbildend eingesetzte Aktivität ist ein Missbrauch, erzeugt vermeidbare Entropie, die aus dem System abgeführt werden muss. Jede erzeugte Struktur, jedes neue Produkt kostet einen Entropiepreis und ist damit eine Hypothek auf die Zukunft. Es ist daher sehr wohl die kritische Frage zu stellen, ob ein Produkt seinen Entropiepreis wert ist.

Lesetext 1: Die beste Beschreibung des Entropiegesetzes – von Klaus Lucas [25].

Ein starker Text. Besonders gefällt mir der (fett markierte) Satz: „Es gibt keine wirtschaftliche Blüte innerhalb von Stadtmauern ohne eine Mülldeponie außerhalb.“ Unseren Computer nutzen wir zuhause; unser Elektronik-Müll landet hingegen nicht selten auf illegalen Deponien in Schwellen- oder Entwicklungsländern (Kap. 2.2.9.6). Die meisten unserer Konsumprodukte sind in Kunststoffen eingepackt, wenn wir sie kaufen; viele unserer Plastikabfälle finden wir im Meer wieder (Kap. 2.2.1.2). Das gemütliche Fahren auf einen leichten Rad mit einem Aluminiumrahmen schätzen wir; der alkalische und giftige Schlamm der Aluminiumerzaufbereitung bleibt dafür im brasilianischen Urwald zurück (Kap. 2.2.9.2). Unsere Blue-Jeans finden wir schick; doch die farbigen und giftigen Abwässer der Indigo-Färbung werden direkt in einen Fluss in Indien eingeleitet (Kap. 2.2.4.2). Mehr Beispiele später; zum Einstieg in das schockierende Thema sollen diese vier genug sein.

Um geordnete Zustände zu realisieren, muss Energie aufgewendet werden (siehe das Aufräumen des Büros). Lebewesen sind hoch geordnete Systeme. Um diese Ordnung zu erreichen, muss *von außen* Energie in das jeweilige Lebewesen übertragen werden. Pflanzen nehmen das Sonnenlicht auf (Fotosynthese, Kap. 2.2.3.2 und 2.2.4), um u.a. Faserstrukturen aufzubauen, die ihnen Halt geben, und um nach einem ordentlichen Bauplan (DNA) Zellen mit funktionstüchtigen Organellen zu bilden, welche kooperieren und die ganze Pflanze strukturieren. Wir Menschen und andere Tiere können das Sonnenlicht nicht direkt nutzen, um unseren Körper zu entwickeln und unser Leben aufrecht zu erhalten. Stattdessen müssen wir andere Lebewesen, egal ob Pflanzen oder Tiere, aufessen, ihre geordneten Strukturen mechanisch und chemisch sowie durch Verbrennung in unserem Körper (Atmungskette) zerstören, um die dabei freiwerdende Verbrennungsenergie zu nutzen, um nach unserem genetischen Bauplan unsere eigenen lebenswichtigen, geordneten Körperstrukturen aufzubauen. Aerobes Leben bedeutet Fressen und Gefressen-Werden. Anaerobes Leben ist in der Hinsicht friedlicher, dass es kein anderes Leben zerstören muss, sondern die im Überschuss vorhandene, kostenlose Sonnenenergie nutzt, um seine innere Ordnung zu erschaffen.

Ist das Entropiegesetz nicht mehr als nur ein Naturgesetz, sondern eine wahre Lebensphilosophie?

2.2 Chemische Stoffe und Nachhaltigkeit

SEHR geehrte Studierende, in diesem Teil der Vorlesung möchte ich Ihnen zahlreiche Stoffe vorstellen, die auf verschiedene Art und Weise, im positiven wie im negativen Sinn, Weltgeschichte geschrieben haben, es immer noch tun und auch in der Zukunft tun werden. Es geht um Stoffe, die die ganze Erde und damit auch unser Leben maßgeblich prägen, die bei ihrer Gewinnung bzw. Herstellung sowie Nutzung oftmals ökologische Schäden verursacht haben und weiterhin verursachen – Schäden, aus denen wir für die Zukunft lernen können. Es geht aber auch um Stoffe, denen vielleicht oder bestimmt die Zukunft gehört, weil sie für eine ökologisch intakte Welt sorgen können.

Wir erfahren vieles, was in der Vergangenheit schiefgegangen ist und gewiss nicht nachhaltig, sondern schädlich war und ist und von uns Menschen unwissend und unbeabsichtigt oder aus Gier nach Reichtum, Macht und Anerkennung bewusst verschuldet worden ist und wird. Wir erkennen aber auch einen allmählichen Bewusstseinswandel hin zu der Erkenntnis, dass das *Anthropozän*, in dem wir Menschen uns die Erde untertan gemacht, sie als unseren Besitz betrachtet und ausgebeutet haben, zu Ende ist, dass wir uns vielmehr als Teil der Natur begreifen und mit ihr in einer *Symbiose* leben müssen (vgl. [3]) und dass die meisten von uns, wenn wir das nicht tun, von diesem Planeten verschwinden werden, wie das vielen Lebewesen vor uns auch schon so ergangen ist. *Die Natur braucht uns Menschen nämlich nicht, aber wir brauchen sie.*

Doch dies soll kein Abgesang auf den Homo sapiens sein, denn die Chemie kann dazu beitragen, dass wir noch so gerade die Kurve kriegen. Wir sollten nur mit Tempo und vollem Elan das Zeitalter der Solarenergie und der Wasserstofftechnologie einleiten. Warum ich dies favorisiere, wird im Folgenden deutlich werden. Aber, ich wiederhole: *Die Zeit drängt!*

2.2.1 Kohle, Erdöl, Erdgas

WIR sollten indigene Gedanken ernst nehmen. Für die australischen Ureinwohner, die Aborigines, sind Kohle, Erdöl und Erdgas keine fossilen Rohstoffe, wie sie in der Fachsprache so bezeichnet werden, sondern in einem gewissen Sinne heilig. Denn diese Stoffe gingen aus Lebewesen, hauptsächlich Bäumen bzw.

Meerestieren, vor Millionen Jahren hervor. Die sind gestorben und wurden unter dem Boden bzw. Meer begraben. Ihre Totenruhe sollten wir nicht stören. Sie an die Erdoberfläche zu befördern und zu verbrennen, wäre Leichenschändung. Und wer seine toten Vorfahren, selbst wenn sie noch nicht menschlich waren, nicht ehrt, sondern derartig verachtet, wird nach dem Glauben der Aborigines bestraft werden [26, 27].

Jedes Lebewesen besteht zu einem erheblichen Anteil aus Verbindungen des Kohlenstoffs. Diese sind direkt oder indirekt aus dem Kohlenstoffdioxid der Luft hervorgegangen (Fotosynthese und Stoffwechsel), das der Luft also entzogen worden ist. Nach dem Tod der Pflanzen und Tiere und einer geothermischen und geochemischen Umwandlung verblieb der eingefangene Kohlenstoff unter der Erde bzw. unter dem Meer. Da sollte er bleiben. Wenn wir ihn hingegen ausgraben bzw. hochpumpen und verbrennen, führt das dabei freigesetzte Kohlenstoffdioxid dazu, dass die Temperatur der Erdatmosphäre ansteigt (Treibhauseffekt, Kap. 2.2.3.1) und wir quasi mitverbrennen.

2.2.1.1 Kohle

KOHLE entsteht folgendermaßen. Wenn Bäume in einem sumpfigen Tiefland umfallen, werden sie von Wasser überdeckt, sodass kein Sauerstoff aus der Luft an sie herankommt und sie deshalb *nicht* unter dem Einfluss von Bakterien vermodern. Wenn das Gebiet dann durch geophysikalische Bewegungen von Gestein überlagert wird, baut sich ein Druck auf. Langsam – es dauert Millionen Jahren – wandelt sich das Holz, das im Wesentlichen aus Cellulose und Lignin besteht (Kap. 2.2.4.2 und dort Abb. 11 und 13), in Kohle um.

Einen Ausschnitt aus einer sehr jungen Braunkohle sehen Sie in der Abbildung 5 (links). Der Stoff weist noch einen erheblichen Anteil an gebundenem Sauerstoff, Stickstoff und Schwefel auf. Im Laufe der Zeit entweichen diese Elemente als Wasser, H_2O, Ammoniak, NH_3 und Schwefelwasserstoff, H_2S, so dass Steinkohle entsteht und schlussendlich nur noch Kohlenstoff in verknüpften Sechsringen übrigbleibt; dann haben wir den Graphit (Abb. 5, rechts).

Ein Hinweis zu den Strukturformeln: Mit einem Kringel deutet man an, dass in einem planaren Sechsring die auf den Ecken sitzenden Kohlenstoffatome über Anderhalbfachbindungen (Mittelwert aus einer Einfach- und einer Doppelbindung) miteinander verknüpft sind.

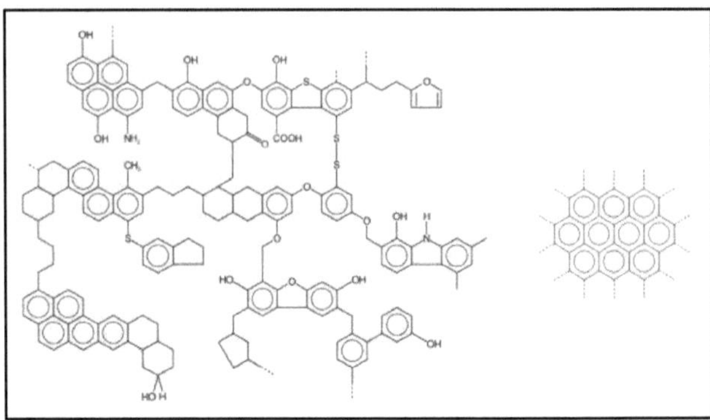

Abbildung 5: Ausschnitt aus einer jungen Braunkohle (links) und einer Schicht aus dem Graphit (rechts).

WIE Sie bestimmt wissen, wird Kohle im Berg- oder Tagebau geförderte. Deutlich mehr als der aufwändigere, teurere und gefährliche Bergbau greift der Tagebau in die Landschaft ein, insbesondere durch Rodungen, und führt nicht selten zur Absenkung des Grundwasserspiegels. Eine Renaturierung ist zwingend erforderlich, wird aber – aus Kostengründen – viel zu selten gemacht, sodass Umweltschäden bleiben.

Kohle wird überall auf der Welt zum Heizen und zur Stromerzeugung verbrannt. In einem Kohlekraftwerk wird die Verbrennungswärme genutzt, um Wasser zu kochen; der Wasserdampf treibt eine Turbine an, die elektrischen Strom erzeugt. So wird chemische Energie in elektrische umgewandelt (vgl. Kap. 2.1.3) Bei der Kohleverbrennung entsteht hauptsächlich Kohlenstoffdioxid, CO_2, dessen Wirkung als Treibhausgas wir im Kapitel 2.2.3.1 ausführlich diskutieren werden, aber auch etwas von dem giftigen Kohlenstoffmonoxid, CO.

DA Braunkohle noch recht viele Schwefelverbindungen enthält, gehen sie bei der Verbrennung in Schwefeldioxid, SO_2, über. Wenn dieses stechend riechende Gas einfach in die Luft geblasen wird, reagiert es dort mit Sauerstoff und Luftfeuchtigkeit zu Schwefelsäure, H_2SO_4, die irgendwann und irgendwo – Verteilung gemäß Entropiegesetz (Kap. 2.1.4) – als *saurer Regen* auf die Erde fällt und Schäden in der Natur, vor allem Versauerung von Böden und Gewässern, und an Bauwerken verursacht.

$$SO_2 + 0,5\ O_2 + H_2O \rightarrow H_2SO_4$$

Diesem Problem kann und muss man vorbeugen, indem man das Abgas aus dem Kohlekraftwerk durch einen alkalischen Wäscher (z.B. mit Calciumhydroxid, sogenannte Kalkmilch) leitet und als Salz (Calciumsulfat, genannt Gips) bindet. Man tut es nur nicht überall auf der Welt – aus Kostengründen.

$$H_2SO_4 + Ca(OH)_2 \rightarrow CaSO_4 + 2\ H_2O$$

Steinkohle verursacht bei ihrer Verbrennung weniger SO_2-Emissionen, weil ihr Schwefelgehalt, wie bereits gesagt, viel geringer ist. Steinkohlekraftwerke gibt es aber weniger, weil der Rohstoff teurer ist als Braunkohle.

KOHLE wird darüber hinaus als Reduktionsmittel in der Metallurgie verwendet. Der Kohlenstoff entzieht dabei den Metalloxiden den Sauerstoff, wird selbst zu Kohlenstoffdioxid, sodass auch dieser Industriezweig einen erheblichen Beitrag zum Treibhauseffekt leistet. Mehr dazu im Kapitel 2.2.9.1 über den Hochofenprozess zur Eisengewinnung.

2.2.1.2 Erdöl

ERDÖL geht aus Meereslebewesen hervor. Wenn diese sterben, sinken sie auf den Meeresboden. Dort ist der Druck sehr hoch, sodass die Biomasse komprimiert wird. Dies wird durch Überlagerung mit Gestein in der Folge plattentektonischer Verschiebungen verstärkt. In Millionen Jahren wandelt sich die Masse in Erdöl um, das sich als eine Mischung von tausenden linearer, verzweigter und ringförmiger Kohlenwasserstoffe unterschiedlicher Größe mit der allgemeinen Formel C_mH_n beschreiben lässt. In diesen ist – wie bei der Kohle – u.a. auch Schwefel gebunden (s.u.).

Das Erdöl wird aus seinen unterirdischen Lagerstätten an die Erdoberfläche gepumpt. (Die Bilder der gewaltigen Ölbohrplattformen im Meer sind bekannt. Hoffentlich gibt es dort kein Leck, durch das sich das Öl ist Meer ergießt.) Dann wird das Öl raffiniert. Dabei wird es unter Sauerstoffausschluss erhitzt, wobei seine niedermolekularen und deshalb leichtflüchtigen Bestandteile destillieren und seine höhermolekularen zunächst zu niedermolekularen zersetzt, „gecrackt“, werden, die dann ebenfalls verdampfen. Auf diese Weise erhält man *gasförmige Kohlenwasserstoffe* wie Ethen, C_2H_4, Propen, C_3H_6, oder Buten, C_4H_8, sowie verschiedene flüssige Fraktionen von Kohlenwasserstoffgemischen unterschiedlicher Siedebereiche, die Sie gewiss kennen: *Normalbenzin*, *Dieselkraftstoff*, *Kerosin*, *Schweröl.* Im Reaktor bleibt eine zähe schwarze Masse zurück, die man Bitumen nennt und als *Asphalt* im Straßenbau Verwendung findet.

Etwa 90 % der Erdöldestillate werden in Heizungen, Autos, Flugzeugen und Schiffen verbrannt und haben deshalb einen großen Anteil an den menschengemachten CO_2-Treibhausgasemissionen. Etwas 5 % der Erölfraktionen werden für die Herstellung von Kunststoffen benötigt, weshalb man diese gerne als „weißes Erdöl“ bezeichnet. Die restlichen 5 % werden zu Feinchemikalien veredelt, für die die Arzneimittelbranche ein Hauptabnehmer ist.

Die Abbildungen 6 und 7 zeigen die Kunststoffe Polyethen und Polyethylenterephthalat, die Ihnen vermutlich eher unter den Kürzeln PE bzw. PET bekannt und vor allem als Folien bzw. Flaschen allgegenwärtig sind.

Ethen, ein Kohlenwasserstoff mit einer C-C-Doppelbildung, ist das kleinste Molekül, welches beim Cracken von Erdöl entsteht. Durch eine Kettenreaktion können Millionen Ethen-Moleküle, die man hier als die Monomeren bezeichnet, unter Verlust ihrer Doppelbindung zu einer langen Molekülkette, dem Polymer, verknüpft werden (Kettenreaktion).

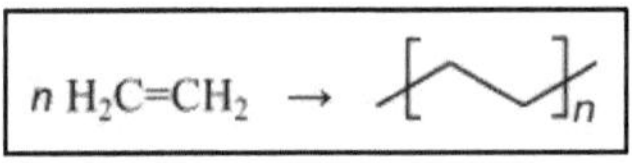

$$n\,H_2C{=}CH_2 \rightarrow$$

Abbildung 6: Polymerisation von Ethen zu Polyethen.

Das weiße Material wird geschmolzen und u.a. zu Folien gewalzt oder geblasen, die hauptsächlich als Verpackungsmaterial dienen.

Wichtig ist, dass diese Folien nach dem Gebrauch im *gelben Sack* laden und professionell verbrannt werden, sodass ihr hoher Heizwert, der dem des Erdöls entspricht (*„weißes Erdöl“*, s.o.), ausgenutzt werden kann. Man spricht dann von *thermischem Recycling*. Das Verpackungsmaterial lässt sich nämlich kaum anders nutzen. Katastrophal ist es natürlich, wenn das Material einfach weggeworfen oder illegal im Meer entsorgt wird und dort wegen seiner biologischen Nicht-Abbaubarkeit bis zu 500 Jahre verbleibt. Dies ist aber nur ein theoretischer Zahlenwert, denn zwischenzeitlich wird das Material irrtümlicherweise von Meereslebewesen verspeist, mit verheerenden gesundheitlichen Konsequenzen.

Nicht minder schlimm ist Polyethen, wenn es in Form von *Mikroteilchen* einer Zahnpasta als Scheuermittel zugesetzt wird. Was machen wir mit der Zahnpasta? Wir spucken sie nach dem Zähneputzen aus; dann wird sie den Gulli runtergespült. Die winzigen Plastikteilchen werden wegen ihrer Kleinheit in der Kläranlage nur zum Teil zurückgehalten und erreichen deshalb über Bäche und Flüsse das Meer. Fische verschlucken sie, und mit den gefangenen Fischen landen die Mikroteilchen auf unserem Teller. Falls sie doch in der Kläranlage hängen bleiben, werden sie mit dem Klärschlamm als Dünger auf die Felder gebracht, reichern den Boden mit Kunststoff an und kommen von dort über die Nahrungskette oder mit den Kulturpflanzen direkt (als vegane Kost) auf unseren Speiseplan.

Die aus dem Erdöl gewonnenen Feinchemikalien Terephthalsäure und Etylenglycol (Ethandiol) (Abb. 7, unten) können durch eine Polykondensationsreaktion zum Kunststoff Polyethylenterephthalat, PET, umgesetzt werden. (Zum Vergleich: Bei der Besprechung des Massenwirkungsgesetzes im Kapitel 2.1.1 haben wir die Reaktion von einer Säure mit einem Alkohol zu einem Ester und Wasser als eine Kondensationsreaktion kennengelernt. Terephthalsäure ist (anders als Essigsäure) eine zweiwertige Säure, und Ethylenglycol ist (anders als Ethanol) ein zweiwertiger Alkohol, sodass die Verknüpfung der beiden Monomere an jeweils beiden Molekülenden erfolgt und so ein linearer, hochmolekularer Kunststoff entsteht.) PET wird über seine Schmelze gerne in eine Flaschenform gebracht. PET-Flaschen sind viel leichter als Flaschen aus Glas, sodass sie beim Transport weniger Energie erfordern. Außerdem sind sie bruchsicher und deshalb nicht so gefährlich wie Glasflaschen. Für PET-Flaschen gibt es ein auf Pfand basierendes Rücknahmesystem, denn der Kunststoff kann sehr gut recycelt werden. Dies geschieht entweder durch Schmelzen und eine neue Formgebung, wobei ein gewisser Qualitätsverlust des Materials (Kettenbrüche durch die thermische Belastung beim Schmelzen) in Kauf genommen wird, was aber für eine weniger anspruchsvolle Anwendung akzeptabel ist (*Downcycling*). Oder das gebrauchte PET wird mit Natronlauge umgesetzt, wobei das Polymer in seine Bausteile zerfällt (Abb. 7), die dann durch Kristallisation bzw. Destillation gereinigt und anschließend wieder zu hochwertigen PET polykondensiert werden.

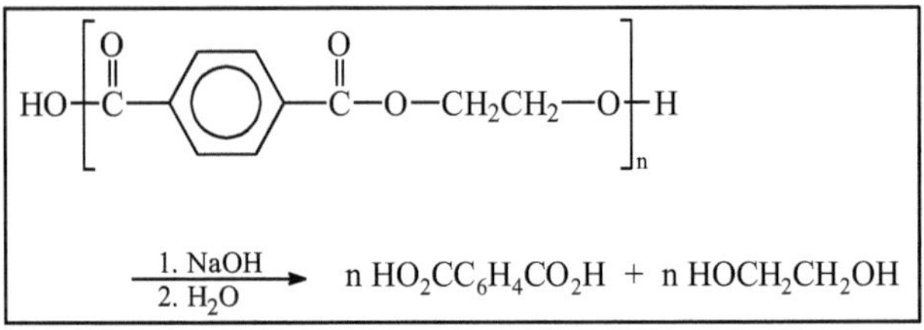

$$HO{-}\left[\overset{O}{\overset{\|}{C}}{-}C_6H_4{-}\overset{O}{\overset{\|}{C}}{-}O{-}CH_2CH_2{-}O\right]_n{-}H \xrightarrow[2.\ H_2O]{1.\ NaOH} n\ HO_2CC_6H_4CO_2H + n\ HOCH_2CH_2OH$$

Abbildung 7: Spaltung eines Polyesters durch alkalische Hydrolyse – Recycling von (altem) Polyethylenterephthalat (PET) auf seine Monomere Terephthalsäure und Ethylenglykol.

DIE in der Abbildung 8 gezeigte Sequenz verdeutlicht exemplarisch die Bedeutung des Erdöls für die *Herstellung von Medikamenten*. Über die aus dem fossilen Rohstoff gewonnenen Feinchemikalien Benzol und Phenol ist Salicylsäure und daraus schließlich das wohl bekannteste Medikament Acetylsalicylsäure (ASS, Aspirin©) zugänglich. Obwohl Salicylsäure in der Natur vorkommt, ist seine technische Synthese von großer Bedeutung, weil sonst die erforderliche Menge gar nicht verfügbar wäre, um den Weltmarkt mit dem fiebersenkenden und schmerzlindernden Wirkstoff zu bedienen.

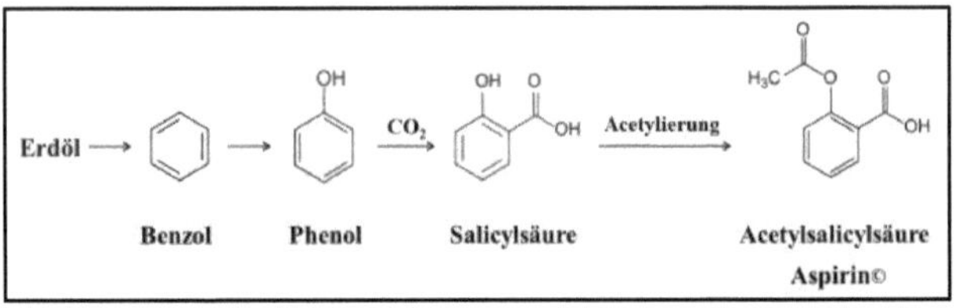

Erdöl → Benzol → Phenol $\xrightarrow{CO_2}$ Salicylsäure $\xrightarrow{\text{Acetylierung}}$ Acetylsalicylsäure Aspirin©

Abbildung 8: Erdöl als Ausgangsstoff für Feinchemikalien und Arzneimittel, hier Aspirin©.

NOCH ein Aspekt der Erdölaufbereitung ist wichtig. Wie bereits erwähnt, enthält das Rohöl schwefelorganische Verbindungen. Diese werden beim Cracken in Gegenwart von Wasserstoff in Schwefelwasserstoff, ein giftiges, nach faulen Eiern riechendes Gas umgewandelt. Es wird aufgefangen und mit Luftsauerstoff gezielt zu elementarem *Schwefel* verbrannt. So erhält man ca. 70 % des weltweit benötigten Schwefels. (Der Rest ist elementarer Schwefel, der im Zusammenhang mit Vulkanismus entstanden ist und bergmännisch abgebaut oder aus unterirdischen Lagerstätten ausgeschmolzen wird.)

$$H_2S + 0{,}5\ O_2 \rightarrow S + H_2O$$

Schwefel wiederum ist das Ausgangsmaterial für die Herstellung von *Schwefelsäure*, dem mengenmäßig größten Produkt der chemischen Industrie. Dazu wird er zunächst zu Schwefeldioxid, SO_2, verbrannt,

$$S + O_2 \rightarrow SO_2$$

das dann mit Hilfe des Katalysators Vanadium(V)-oxid zu Schwefeltrioxid, SO_3, weiter oxidiert wird,

$$\begin{array}{lll} SO_2 + V_2O_5 & \rightarrow & SO_3 + V_2O_4 \\ V_2O_4 + 0{,}5\ O_2 & \rightarrow & V_2O_5 \\ \hline SO_2 + 0{,}5\ O_2 & \rightarrow & SO_3 \end{array}$$

um abschließend (indirekt) mit Wasser zu Schwefelsäure zu reagieren:

$$SO_3 + H_2O \rightarrow H_2SO_4$$

2.2.1.3 Erdgas

ERDGAS entsteht meistens zusammen mit Erdöl und enthält fast ausschließlich den kleinsten Vertreter der Kohlenwasserstoffe, Methan, CH_4. Es befindet sich in einem unterirdischen, abgeschlossenen Raum als Blase über dem Öl und wird dort abgezapft.

Im Boden ist Methan das Endprodukt eines anaeroben, d.h. sauerstofffreien Abbaus ehemaligen Lebens durch Bakterien. Man kann manchmal beobachten, wie das sogenannte Faulgas aus Sümpfen nach oben blubbert. In einem Permafrostboden ist das Methan in den Hohlräumen von gefrorenen Wasser eingeschlossen. Dann nennt man es *Methan-Hydrat*. Da Methan ein mindestens 25mal effektiveres Treibhausgas ist als Kohlenstoffdioxid (vgl. Kap. 2.2.3.1), muss es unbedingt im sibirischen Permafrost bleiben. Wenn dieser Boden nämlich aufgrund der Erderwärmung auftaut, ist zu befürchten, dass der Treibhauseffekt durch die enormen Mengen freiwerdenden Methans dermaßen verstärkt wird, dass ein flammendes Inferno nicht von der Hand zu weisen ist. Die schon heute immer größer werdenden Waldbrände in Sibirien belegen das Freiwerden der Brenngases Methan.

Im Gestein eingeschlossenes Methan kann durch gezieltes Anbohren der Gesteinsschicht und Spülen mit Wasser, dem u.a. auch ökologisch bedenkliche Chemikalien zugesetzt sind, an die Erdoberfläche gefördert werden. Dieses Verfahren nennt man *Fracking* und wird vor allem in den USA betrieben. Dadurch hat sich das Land zwar von Gasimporten aus anderen Staaten unabhängig gemacht und ist sogar zum Erdgasexporteur geworden, nimmt dafür aber Kontaminationen des Grundwassers ins Kauf, die gerne verschwiegen werden. Und da bei dem Verfahren nicht gerade wenig Methan verloren geht, wird der Treibhauseffekt verstärkt. Das Verfahren hat also mit Nachhaltigkeit nichts zu tun.

Schließlich sind Tiere, die einen Pansen besitzen, aufgrund ihres teilweise anaerob ablaufenden Stoffwechsels Produzenten von Methan. Gerade die Rinder-Massenhaltung liefert deshalb einen weiteren Beitrag zu den globalen Treibhausgasemissionen. Rächen sich die nicht artgerecht gehaltenen Tiere, indem sie Methan ausrülpsen und -furzen, um ihre Quäler auf diese Weise in den Hitzetod zu treiben?

ERDGAS wird zwar zum größten Teil zum Heizen und zur Erzeugung von elektrischem Strom verbrannt, ist aber auch ein wichtiger *C_1-Baustein*, der für die Herstellung anderer Verbindungen mit einem Kohlenstoffatom benötigt wird, z.B. Formaldehyd, CH_2O, Methanol, CH_3OH, Cyanid, CN^-, oder halogenierte Methane wie das Pflanzenschutzmittel Methylbromid, CH_3Br, oder das Treib- und Kühlmittel Dichlordifluormethan, CCl_2F_2, das uns im Kapitel 2.2.2.3 noch als Ozonkiller begegnen wird.

2.2.1.4. Verbrennung fossiler Rohstoffe

UNTER den drei fossilen Brennstoffen Kohle, Erdöl und Erdgas ist letzterer bei der Verbrennung ökologisch gesehen am günstigsten.

Die folgenden Zahlenwerte der Verbrennungswärmen von Graphit (reiner Kohlenstoff), Pentan (repräsentatives Beispiel für ein Erdöl-Destillat) und Methan belegen, dass mit steigendem Wasserstoffanteil im Brennstoff dessen Brennwert steigt:

$$C + O_2 \rightarrow CO_2 \qquad \Delta H = -32{,}8\ \text{kJ/g}$$
$$C_5H_{12} + 8\ O_2 \rightarrow 5\ CO_2 + 6\ H_2O \qquad \Delta H = -48{,}7\ \text{kJ/g}$$
$$CH_4 + 2\ O_2 \rightarrow CO_2 + 2\ H_2O \qquad \Delta H = -55{,}7\ \text{kJ/g}$$

Gleichzeitig ist die entstehende CO_2-Menge mit steigenden Wasserstoffanteil im Brennstoff geringer.

Trotzdem ist es nicht akzeptabel, die Erdgasverbrennung als nachhaltige Methode zur Energiebereitstellung zu deklarieren. Sie ist bestenfalls eine *Übergangstechnologie*, bis in den bestehenden Anlagen grüner Wasserstoff verbrannt werden kann. Dazu mehr im Kapitel 2.2.2.3.

Die Welt soll bis spätestens 2050 Klimagas-neutral sein; so lautet das ambitionierte Ziel selbst des momentan größten CO_2-Emittenten, China. Folglich müssen in erster Linie die Verbrennungen fossiler Rohstoffe (weitgehend) aufhören. Nun, ich bin durchaus optimistisch, dass die Energiebereitstellung durch Sonnen- und Windenergie gelingen kann; aber können wir ganz auf Erdöl verzichten? Wie ich im Kapitel 2.2.1.2 betont habe, hängen nicht nur Heizungen und Verbrennungsmotoren am Erdöl, sondern auch die Kunststoff-, Arzneimittel-, Schwefelsäure- und Bauindustrie. „Alles ist mit allem vernetzt!" (vgl. Kap. 2.1.1). Wenn deutlich weniger Erdöl gefördert und gecrackt wird, steigen dann nicht automatisch die Preise für PET, Aspirin, Schwefelsäure und Asphalt? Drohen nicht sogar Versorgungsengpässe? Hier müssen Alternativen entwickelt werden, was sich derzeit kaum abzeichnet, aber gewiss möglich ist, doch vermutlich lange dauern wird.

Das Anthropozän ist auf Kohle, Öl und Gas gebaut. Es ist mehr als nur eine energetische Wende angesagt.

2.2.1.5 Exkurs: Atomenergie

ATOMENERGIE ist CO_2-neutral. Ok, ein Atomkraftwerk produziert kein Abgas, dafür aber radioaktiven Abfall. Meine Damen und Herren, Sie haben jetzt die Wahl, ob Sie einen Hitze- oder Strahlungstod erleiden werden. Ich weiß, das ist zynisch. Man sollte Atomkraftwerke aber zumindest nicht – wie es heute in vielen Ländern geschieht – als Bereitsteller nachhaltiger Energie bezeichnen, sondern – ähnlich wie Erdgaskraftwerke, s.o. – als *Übergangstechnologien mit begrenzter Laufzeit.* Die CO_2-Emissionen müssen jetzt (!) bereits drastisch gesenkt werden. Dazu müssen die Verbrennungskraftwerke weitgehend abgeschaltet und das dann schlagartige Fehlen von Verbrennungsenergie kann durch Atomenergie solange ersetzt werden, bis echte ökologische Alternativen wie Solarzellen und Windräder in ausreichender – riesiger – Menge etabliert sind.

ATOMKRAFT ist zwar im Wesentlichen ein Teilgebiet der Physik; die Chemie muss aber Hilfestellung leisten, damit spaltbares Material überhaupt gewonnen werden kann.

Für eine Masse-in-Energie-Umwandlung gemäß der berühmten Einstein-Formel $\Delta E = \Delta m \cdot c^2$ ist das Uran-Isotop U-235 geeignet, das durch Beschuss mit Neutronen gespaltet werden kann. Dieses Isotop liegt in der Natur aber nur zu 0,3 % neben dem Hauptisotop U-238 vor, welches im Atomkern drei Neutronen mehr enthält. Mit dieser geringen Konzentration funktioniert kein Kernkraftwerk und erst recht keine Atombombe. Zu diesem Zweck muss der Anteil an spaltbaren U-235 auf ca. 3 bzw. 20 % angereichert werden.

Wie geschieht das? In der Natur kommt Uran nicht elementar, sondern als Urandioxid, und zwar als Mischung von $^{235}UO_2$ und $^{238}UO_2$, vor. Diese wird über mehrere Zwischenstufen in eine Mischung von $^{235}UF_6$ und $^{238}UF_6$ überführt. Uranhexafluorid ist eine Verbindung, die bei leichter Temperaturerhöhung verdampft; die Gasmischung kommt in eine Zentrifuge, und dann geht es rund. Wie auf einem Karussell fliegen die um drei atomare Masseneinheiten schwereren $^{238}UF_6$-Teilchen nach außen, während sich die leichteren $^{235}UF_6$-Teilchen länger im Inneren der Zentrifuge halten können und deshalb dort angereichert werden. Dieser Prozess wird vielmals wiederholt, bis der erwünschte Anreicherungsgrad erreicht ist. Dann wird die mit $^{235}UF_6$-angereicherte $^{235}UF_6/^{238}UF_6$-Mischung in mehreren Schritten in eine mit $^{235}UO_2$ angereicherte $^{235}UO_2/^{238}UO_2$-Mischung umgewandelt, zu Pellets gepresst und in die Brennstäbe gefüllt.

Bei der Kernspaltung wird Wärme frei, die wie in einem Verbrennungskraftwerk zum Wasserkochen benutzt wird. Der Wasserdampft treibt schließlich eine Turbine zur Erzeugung von elektrischem Strom an. Die benutzten Brennstäbe erhalten u.a. radioaktive Folgeprodukte der Uran-Kernspaltung und müssen deshalb in Fässern einbetoniert und in eine unterirdische Endlagerstätte gebracht werden, aus der keine Strahlung an die Erdoberfläche entweichen darf. Ein Element, das bei der Kernspaltung als Nebenprodukt entsteht, ist das *Plutonium*. Davon ist die Hälfte erst nach etwa 24.000 Jahren (*Halbwertszeit*) unter Freisetzung radioaktiver Strahlung zerfallen.

Archäologen unter zukünftigen Menschenarten werden wahrhaftig strahlende Schätze heben und sich wundern, wie der Homo sapiens zu seinem Nachnamen gekommen ist. Die Entdeckung der Kernspaltung war rein wissenschaftlich betrachtet eine Sensation; für die Menschheit insgesamt aber eine Katastrophe – in Form ihrer militärischen Nutzung noch viel mehr als beim Betreiben von Atomkraftwerken.

2.2.2 Wasser

MAN kann nicht vom Wasser alleine leben, aber ohne Wasser gibt es überhaupt kein Leben. Deshalb ist H_2O auch das von den Astronomen am meisten gesuchte Molekül im Universum.

Meine sehr geehrten Damen und Herren, ich möchte die Vorlesung über das Wasser mit einem gekürzten Text von Jens Soentgen beginnen, der 1993 am Ende seines Studiums der Chemie eine Staatsexamensarbeit über »Die sinnliche Stofferfahrung und ihre Bedeutung für den Chemieunterricht« geschrieben hat, darin auch über das Wasser [28] (Lesetext 2).

Das frische Lebendigkeit des Wassers

Wasser auf der Haut

Beim morgendlichen Waschen geht es nicht nur um die Reinigung, sondern vor allem ums Frischwerden. Wer sich morgens mit kaltem Wasser wäscht, kennt die erste Schrecksekunde, der erste Wasserkontakt lässt uns zusammenfahren, tief atmen wir ein, der Brustraum dehnt sich, auf die Engung folgt eine kraftvolle Weitung. Eine eigentümliche Gespanntheit bleibt noch lange an Gesicht, Brust und Händen zurück. Im Laufe des Tages lässt sie wieder nach, die intensive leibliche Spannung flaut ab, irgendwann sind Hand, Brust und Gesicht nicht mehr vital betont.

In der christlichen Taufe werden solche leiblichen Erfahrungen symbolisch überhöht. Man nimmt das kühle Wasser an – und wird erfrischt. Man nimmt das Wort Christi an – und wird belebt. Die Erweckung am Morgen durch eine kalte Waschung und die religiöse Erweckung haben durchaus

etwas Ähnliches – deshalb konnte diese profane Tätigkeit in den Rang eines sakralen Ritus aufsteigen.
Eine Erfahrung der Erfrischung machen wir auch beim Trinken wässriger Getränke, besonders Sprudel. Wir brauchen den Sprudel nicht einmal zu schlucken, um seine erfrischende Wirkung genießen zu können, oft reicht es schon, wenn wir uns mit ihm den Mund ausspülen. Der Sprudel wirkt in der Mundhöhle wie ein Regen, wie eine sanfte, kühlende Brause, er nimmt den schlechten Geschmack mit sich und befreit uns von der Klebrigkeit. Man atmet hörbar aus („Ahh!"), glücklich darüber, dass sich die Zunge wieder frei in der Mundhöhle bewegen kann.

Stimme und Blick des Wassers
Ungeheuer reich sind die akustischen Äußerungen des Wassers. Das Wasser plätschert, gluckst, gluckert, murmelt, rauscht, tobt. Anders als alle anderen Stoffe, die stumm sind und schweigen, bis wir mit ihnen hantieren, äußert sich das Wasser unentwegt. Bei ihm ist es gerade umgekehrt das Schweigen, das auffällig ist und erwähnenswert. Ein stiller Tümpel, ein stummer Bach sind so außergewöhnlich wie ein sprechender Stein.
Diese lebhafte Äußerungsfreude des Wassers haben wir im Sinn, wenn wir in Vergleichen sagen: „er redet wie ein Wasserfall", einen „flüssigen" oder „spritzigen" Vortrag loben oder uns über das „trockene" Thema beklagen.

Wasserlandschaften
Äußerst vielfältig sind die Wasserlandschaften, die von Künstlern gemalt, bzw. von Landschaftsarchitekten und Gartenbauern gestaltet wurden. Zunächst ist da der Brunnen zu nennen. Jeder Platz in einer Stadt belebt sich, wenn dort ein gluckernder, glitzernder Brunnen steht. Die lebendige Atmosphäre verstärkt sich, wenn das fließende Wasser spielende Kinder anlockt, dann verweben sich die hellen Kinderstimmen mit der glucksenden, rauschenden Natursprache des Wassers, und es entsteht eine urtümliche Wassermusik.
Noch intensiver spürbar ist die belebende Kraft des Wassers in Naturlandschaften. Landschaften, denen das Wasser entzogen wird, versteppen und veröden. Wasser hingegen ermöglicht die Lebendigkeit einer Landschaft. Es ermöglicht das frische Grün des Grases und der Blätter; und abgerundet wird jede freundliche Landschaft durch ein offenes Wasser, einen Bach, einen See.

Lesetext 2: Die sinnliche Stofferfahrung von Wasser [28].

Ja, so erfahren wir das Wasser und können den Begriff „Lebenselixier" nachvollziehen. Was verbirgt sich chemisch dahinter? Diese Frage möchten wir im Folgenden beantworten.

2.2.2.1 Wasser und Klima

BETRACHTEN wir zunächst drei physikalisch-chemische Eigenschaften des Wassers, und zwar seine Fähigkeit, Wärme zu speichern und auch wieder abzugeben, seine Dichte in Abhängigkeit von Temperatur und Salzgehalt sowie seine Phasenübergänge. Dadurch wird nämlich das Klima auf der Erde mitbestimmt, insbesondere durch die sogenannte thermohaline Zirkulation in den Ozeanen sowie durch Extremwetterereignisse.

- ***Golfstrom.*** Im Atlantik wird das Wasser in der Nähe des Äquators durch die intensive Sonnenstrahlung in besonderem Maße erwärmt und damit energiereich. Es bewegt sich entlang der afrikanischen Westküste nach Norden, an Spanien und England vorbei in Richtung des kalten, energiearmen Wassers im arktischen Meer. Die Fließrichtung entspricht dem zweiten Hauptsatz der Thermodynamik (Kap. 2.1.1), wonach eine Wärmeströmung nur von warm nach kalt erfolgt. Auf dem Weg nach Norden gibt das Wasser seine Wärme an die Luft ab, wovon die westeuropäischen Länder profitieren und es hier deutlich wärmer ist als in innerkontinentalen Gebieten vergleichbarer geographischer Breite. Zusätzlich spielt die Dichte des Wassers eine Rolle. Kaltes Wasser ist dichter als warmes. Deshalb sinkt das nach Norden vorgedrungene und dabei kälter gewordene Wasser nach unten und strömt entlang der nordamerikanischen Ostküste in Richtung Äquator zurück. Da das Wasser sehr kalt ist, ist es in Städten wie New York gerade im Winter ebenfalls sehr kalt.

  Der Golfstrom ist also eine *Wärmepumpe*. Was passiert, wenn sich die Erde erwärmt? Dann werden das Eis in Grönland und die Eisberge im arktischen Meer schmelzen. Eis ist Süßwasser, und wenn es schmilzt, verdünnt es das Salzwasser des Ozeans. Das hat auf die Dichte einen Einfluss, denn salzhaltiges Wasser ist dichter als salzfreies. Das wiederum kann dazu führen, dass das derartig verdünnte Salzwasser im arktischen Bereich nicht mehr nach unten sinkt, der Rückstrom von kaltem Wasser zum Äquator nicht mehr funktioniert und dann auch kein warmes Wasser vom dort gen Norden nachströmen kann. Dann käme der Golfstrom zum Erliegen oder würde zumindest abgeschwächt, sodass es u.a. bei uns in Deutschland kälter würde – obwohl sich die Erde global gesehen erwärmt. Das hat es in der Erdgeschichte schon mehrmals gegeben.

- ***Unwetter.*** Noch einmal zurück zum atlantischen Äquator. Wegen der intensiven Sonneneinstrahlung verdunstet viel Wasser an der Oberfläche des Ozeans, gelangt als Wasserdampf mit der Luft in große Höhen, kühlt sich dort ab und kondensiert, sodass Wolken entstehen. Diese bewegen sich aufgrund der Windströmungen und der Erdrotation in nordwestliche bzw. südwestliche Richtung und regnen z.B. über der Karibik oder dem Südosten der USA ab. Jetzt ist es logisch, dass die Windstärke und der Wasseranteil in der Luft zunehmen, wenn sich die Erdatmosphäre erwärmt. Anders ausgedrückt: Extremwetterereignisse werden zunehmen, besonders in den Regionen zwischen dem nördlichen und südlichen Wendekreis, etwas schwächer ausgeprägt aber auch sonst fast überall auf der Welt.

Das ist einfache (Geo)Physikalische Chemie, für die betroffenen Regionen und die dort lebenden Menschen aber mit viel Zerstörung und Leid verbunden.

2.2.2.2 Wasser ist Menschenrecht

AM 28.7.2010 haben die Vereinten Nationen beschlossen, dass jeder Mensch ein Recht auf sauberes Wasser und sanitäre Anlagen hat. Das sollte eigentlich kein Problem sein, wenn man bedenkt, dass die Technik zur Bereitstellung von Trinkwasser und zur Reinigung von Abwässern ausgefeilt ist. Doch diese Verfahren sind teuer, und sie werden umso kostspieliger, je stärker das Wasser verunreinigt ist, sodass in vielen Weltregionen die Wasseraufbereitung nicht finanziert werden kann und außerdem die Wege zu trinkbarem Wasser oft sehr weit sind. Häufig werden Abwässer auch illegal einfach weggeschüttet. Es besteht deshalb immer noch großer Handlungsbedarf, bis das Menschenrecht auf Wasser weltweit realisiert ist. (Vgl. Kap. 2.2.4.2 und dort Lesetext 4.)

Schauen wir uns die Prinzipien der Trink- und Abwasseraufbereitung einmal an.

- ***Trinkwasser:*** Wasser, das z.B. einem großen Fluss entnommen worden ist, wird zunächst über Sand filtriert, um grobmechanische Verunreinigungen zu entfernen. Dann wird es mit Chlor oder Ozon desinfiziert. (Das Kochen des

Wassers ist zwar auch eine sehr gute Methode, um Keime abzutöten, erfordert aber zu viel Energie und wird deshalb im großtechnischen Maße nicht gemacht.) Meistens ist das Wasser durch Schwebeteilchen getrübt. Diese lassen sich durch eine sogenannte Flockung entfernen. Dazu wird im Wasser ein Schlamm aus grobflockigem Eisen- oder Aluminiumhydroxid, $Fe(OH)_3$ bzw. $Al(OH)_3$, erzeugt, in dem die kleinen Schwebeteile gefangen und dann gemeinsam abfiltriert werden. Organische Verbindungen, die im Wasser gelöst sind, werden durch Filtration über Aktivkohle beseitigt. Diese spezielle Kohle, die Ihnen vielleicht in Form medizinischer Kohletabletten bekannt ist und bei einer Magenverstimmung oft empfohlen wird, hat eine sehr große Oberfläche, an der Schadstoffe adsorbiert werden. Zum Schluss wird das Wasser noch mit etwas Chlor konserviert, damit auf dem manchmal kilometerlangen Weg durch die Leitungen von Wasserwerk zum Endverbraucher keine bakterielle Reinfizierung stattfindet.

- ***Kommunales Abwasser***: Es enthält vor allem Wasch-, Spül- und Lebensmittelreste sowie Fäkalien und wird nach einer Filtration über Sand mikrobiologisch gereinigt. In einem sogenannten Belebungsbecken, in das Luft eingeblasen wird, verstoffwechseln aerobe Bakterien die organischen Kohlenstoffverbindungen zu Kohlenstoffdioxid und die Stickstoffverbindungen zu Nitrat, NO_3^- (Nitrifikation). Anschließend reduzieren andere, anaerobe Bakterien in einem Nachklärbecken, wo das Wasser ruhig steht und kaum noch Sauerstoff enthält, das Nitrat zu elementarem Stickstoff, N_2 (Denitrifikation). Nach dem Abfiltrieren des Bakterienschlamms wird das Wasser in ein angrenzendes Fließgewässer geleitet. Der Klärschlamm wird, wenn er frei von Schadstoffen wie Schwermetallen ist, als Dünger verwendet, ansonsten verbrannt (energetisches Recycling).

  Industrielle Abwässer: Sie kommen aus Betrieben, in denen bestimmte Produkte hergestellt werden. Man weiß genau, um welche Stoffe und Mengen es sich in diesen Abwässern handelt, sodass die Reinigungsmethoden darauf maßgeschneidert werden können. Toxische Metallionen, z.B. des Nickels aus der „Vergoldung“ von Modeschmuck oder dem Korrosionsschutz von Eisen (vgl. Kap. 2.2.8.1), werden als schwerlösliche Hydroxide oder Carbonate ausgefällt und abfiltriert:

$NiSO_4 + 2\,NaOH \rightarrow Ni(OH)_2\,(s) + Na_2SO_4$
s … unlösliche Verbindung

Giftiges Nitrit aus der Herstellung von Azofarbstoffen oder giftiges Cyanid aus der Galvanik oder Goldgewinnung (Kap. 2.2.9.4) werden mit Wasserstoffperoxid zu weniger problematischem Nitrat bzw. Cyanat oxidiert:

$NaNO_2 + H_2O_2 \rightarrow NaNO_3 + H_2O$
$NaCN + H_2O_2 \rightarrow NaOCN + H_2O$

Organische Farbstoffe werden an Aktivkohle gebunden, halogenorganische Verbindungen mit UV-Licht und/oder Ozon zerstört …

2.2.2.3 Die Elemente Sauerstoff und Wasserstoff

STARTEN wir, sehr geehrte Studierende, diesem Vorlesungsteil mit einem lauten Experiment, der *Knallgas-Reaktion*. Wenn man eine Mischung der Gase Wasserstoff, H_2, und Sauerstoff, O_2, zündet, kommt es zu einer (von der Gasmenge abhängigen mehr oder weniger) heftigen Explosion. Deren Triebkraft ist die Bildung von stabilem Wasser.

$2\,H_2 + O_2 \rightarrow 2\,H_2O$

Die beiden Elemente können nun umgekehrt unter Energieaufwendung aus Wasser gewonnen werden.

Technisch geschieht das durch eine *Elektrolyse*. Dazu werden in das (mit etwas Schwefelsäure zur Erhöhung der elektrischen Leitfähigkeit versetzte) Wasser zwei Elektroden getaucht, an die eine elektrische Spannung angelegt wird. Am Minuspol (Kathode) bildet sich Wasserstoff, am Pluspol (Anode) Sauerstoff:

Kathode (Minuspol):	$4\,H^+ + 4\,e^- \rightarrow 2\,H_2$ (Reduktion = Elektronenaufnahme)
Anode (Pluspol):	$4\,OH^- \rightarrow O_2 + 2\,H_2O + 4\,e^-$ (Oxidation = Elektronenabgabe)
Brutto-Gleichung:	$2\,H_2O \rightarrow 2\,H_2 + O_2$

In der Natur erfolgt die Wasserzersetzung mit Hilfe der Lichtenergie, die von der Sonne kommt. Diese sogenannte *Fotosynthese* wird hauptsächlich von Pflanzen, aber auch von Cyanobakterien, betrieben. Dabei spielt das *Chlorophyll* eine zentrale Rolle. Es ist ein Komplex, in dem ein Magnesiumkation quadratisch planar von vier Stickstoffatomen umgeben ist, die untereinander in einem Ringsystem verknüpft sind. Diese Verbindung ist grün und absorbiert einen Teil des sichtbaren Sonnenlichtes. Dessen Energie wird genutzt, um ein Elektron des Chlorophylls aus seinem Grundzustand in einen angeregten Zustand zu versetzen. Dort fühlt sich das Elektron nicht wohl und möchte deshalb wieder in seinen energieärmeren (entspannten) Grundzustand zurück. Das gelingt ihm auch, wobei es die frühere Sonnenenergie auf Enzyme überträgt. Das sind die Biokatalysatoren, welche die Wasserzersetzung ermöglichen. Dabei entsteht *wie bei der Wasserelektrolyse* Disauerstoff, der an die Luft abgegeben wird. Die Pflanzen sind somit diejenigen Lebewesen, die uns Menschen und allen anderen Tiere das Atmen erst ermöglichen. *Anders als bei der Wasserelektrolyse* entsteht bei der Fotosynthese allerdings kein H_2-Gas. Vielmehr gehen zwei Protonen und zwei Elektronen – aus den sich ja H_2 bilden könnte – in den *Chloroplasten*, das sind die Zellorganellen, in denen die Fotosynthese abläuft –, zunächst getrennte Wege, um sich schließlich mit einem Nikotinsäureamiddinukleotid, NAD^+, einem einwertigen Kation, zu treffen. Dieses hat die Funktion eines Speichermediums, und die resultierende Kombination von einem hydrierten Nikotinsäureamiddinukleotid und einem Proton ist gespeicherter Wasserstoff.

$$2\,H_2O \xrightarrow{\text{Sonnenlicht}} O_2 + 2\,H^+ + 2\,e^-$$

$$(2\,H^+ + 2\,e^- \text{ entspricht formal } H^- + H^+)$$

$$2\,H^+ + 2\,e^- + NAD^+ \rightarrow NADH/H^+$$

Die Folge von fotochemischer Wasserzersetzung und Wasserstoffspeicherung, formuliert in den beiden obigen Ionengleichungen, ist die *Lichtphase der Fotosynthese*.

SAUERSTOFF und Wasserstoff sind, wie gesagt, energiereiche Elemente. Sauerstoff ist in Natur und Technik ein Oxidationsmittel, Wasserstoff umgekehrt ein Reduktionsmittel.

Beispielsweise wird der Kohlenstoff in den fossilen Rohstoffen, die wir aus Kapitel 2.2.1 kennen, vom Sauerstoff zu

Kohlenstoffdioxid oxidiert. Diese Verbrennungsreaktionen sind CO_2-Quellen – und zwar die bedeutendsten, die von der Menschheit ausgehen. Der im NADH/H^+ in Pflanzen biochemisch gespeicherte Wasserstoff kann im Gegenzug das CO_2 zu einem Kohlenhydrat (Glucose) reduzieren. Das passiert in der Dunkelphase der Fotosynthese, die eine CO_2-Senke ist – und zwar die wichtigste auf der Erde. (Die Bezeichnung „Dunkelphase" ist irreführend, denn der Prozess läuft nicht nur im Dunklen, sondern auch tagsüber ab; er braucht aber keine Lichtzufuhr.) Mehr dazu in den Kapiteln 2.2.3.2 und 2.2.4.1 über das Kohlenstoffdioxid und die Monosaccharide.

MEINE Damen und Herren, ich möchte hier zwei Dinge behaupten:

1. *Chlorophyll ist die wichtigste Komplexverbindung.*
2. *Die Fotosynthese ist der wichtigste chemische Prozess.*

Sie ahnen bestimmt schon, warum. Wir werden noch öfters darauf zurückkommen.

GRÜN oder Grau – Das ist hier die Frage. In der Technik spricht man von grünem Wasserstoff, wenn bei der elektrolytischen Wasserzersetzung Öko-Strom verwendet wird, der durch Windräder oder Solarzellen, also CO_2-frei, generiert wurde. Wenn der benutzte Strom hingegen in einem Kohle- oder Erdgaskraftwerk erzeugt wurde, nennt man den bei der Elektrolyse resultierenden Wasserstoff grau, denn er trägt einen CO_2-Fußabdruck.

Grauer Wasserstoff entsteht auch beim *Steam-Reforming* und bei der *Kohle-Vergasung*, ganz anderen technischen Verfahren. Hierbei entzieht Methan bzw. Kohle bei hoher Temperatur dem Wasser den Sauerstoff, um selbst in Kohlenstoffmonoxid überzugehen (welches später zu Kohlenstoffdioxid weiterreagiert) und gleichzeitig Wasserstoff freizusetzen.

Steam-Reforming:

$$CH_4 + H_2O \xrightarrow{\text{[Kat.], 800-1000 °C}} CO + 3\,H_2$$

Kohle-Vergasung:

$$C + H_2O \xrightarrow{\text{ca. 1200°C}} CO + H_2$$

NOCH ein paar Worte zum elementaren Sauerstoff. Dieser liegt zwar hauptsächlich als O_2 vor; es gibt aber auch O_3 mit dem Namen *Ozon*. Dieses entsteht aus O_2 ca. 30 Kilometer über der

Erdoberfläche unter Einwirkung von ultraviolettem Licht, welches von der Sonne kommt (nicht zu verwechseln mit dem sichtbaren Licht, das für die Fotosynthese benötigt wird). Das UV-Licht ist so energiereich, dass es den Disauerstoff in zwei Atome spalten kann. Ein so entstandenes Sauerstoffatom reagiert dann rasch mit einen noch intakten Disauerstoff zu Ozon.

$$O_2 \xrightarrow{\text{UV-Licht}} 2\,O$$
$$O + O_2 \rightarrow O_3$$

Ozon ist energiereicher als der „normale" Sauerstoff und ein stärkeres Oxidationsmittel. Für uns Menschen ist es deshalb ein gefährliches *Atemgift*. Doch mit dem so hoch über der Erde vorliegenden Ozon kommen wir glücklicherweise nicht in Kontakt. (Bodennahes Ozon besprechen wir im Kapitel 2.2.5 im Zusammenhang mit Stickstoffoxiden in Autoabgasen.) Dort erfüllt das Ozon vielmehr eine unser und das Leben vieler Tiere und Pflanzen schützende Aufgabe. Es absorbiert nämlich einen großen Teil der energiereichen Strahlung, die aus dem Weltall kommt. Wäre die Ozon-Schicht nicht da, würde diese Strahlung bis auf die Erdoberfläche durchdringen und hier zahllose radikalische und letztlich tödliche Reaktionen auslösen.

Deshalb war es so schlimm, dass in den 1980er Jahren *Ozonlöcher* über den Polen, insbesondere dem Südpol, entstanden waren und immer größer wurden. Daran war eine Verbindung Schuld, die als Kühlmittel für Kühlschränke und als Treibmittel für Schaumstoffe, Haarsprays oder Sprühsahne viel verwendet wurde: Dichlordifluormethan, CCl_2F_2. Dieses Gas hat sich nach seiner Benutzung gemäß dem Entropiegesetz sprichwörtlich in Luft aufgelöst, d.h. in der Atmosphäre verteilt, und ist auch in 30 Kilometer Höhe gelangt, wo sich das Ozon befindet. Die dortige energiereiche UV-Strahlung hat in der Verbindung eine C-Cl-Bindung geknackt und das resultierende Chloratom dem Ozon ein Sauerstoffatom entrissen und unser Sonnenschutzmittel auf diese Weise zerstört.

$$CF_2Cl_2 \xrightarrow{\text{UV-Licht}} \cdot CF_2Cl + Cl\cdot$$
$$Cl\cdot + O_3 \rightarrow ClO\cdot + O_2$$

Glücklicherweise haben die Atmosphärenforscher Paul Crutzen, Mario Molina und Sherwood Rowland diesen Zusammenhang gerade noch rechtzeitig herausgefunden, sodass der

Einsatz von Dichlordifluormethan verboten wurde und sich die Ozonschicht langsam erholen konnte. Es ist nicht übertrieben zu sagen, dass die drei Forscher die Welt gerettet haben. Dafür wurde ihnen verdientermaßen 1995 der Chemie-Nobelpreis verliehen.

2.2.2.4 Exkurs: Chloralkalielektrolyse

DA wir die Wasser-Elektrolyse so ausführlich diskutiert haben, soll an dieser Stelle ergänzend die Elektrolyse von Wasser, in dem viel Natriumchlorid gelöst ist, thematisiert werden. Sie nimmt nämlich einen anderen Verlauf. An der Kathode entsteht zwar auch *Wasserstoff*, an der Anode aber kein Sauerstoff, sondern *Chlor*. In der Elektrolysezelle bleibt nach dem Entweichen der beiden Gase *Natronlauge* zurück.

$$2\,NaCl + 2\,H_2O \xrightarrow{\text{Elektrolyse}} Cl_2 + H_2 + 2\,NaOH$$

Diese sogenannte Chloralkalielektrolyse ist nach der Schwefelsäure- und Ammoniak-Produktion (Kap. 2.2.5) die drittgrößte Chemieproduktion weltweit. Die drei gleichzeitig entstehenden Produkte finden vielseitig Verwendung. Aus Chlor und Wasserstoff wird beispielsweise Chlorwasserstoff hergestellt (Chlorknallgas-Reaktion), der in Wasser gelöst *Salzsäure* ergibt:

$$Cl_2 + H_2 \rightarrow 2\,HCl$$

2.2.3 Kohlenstoffdioxid

„KLIMAKILLER“ – Wer hat schon gerne so einen schlechten Ruf? „Lebenselixier“ – Ja, das klingt toll! Nun, Kohlenstoffdioxid ist beides – ein ambivalenter Stoff, und es kommt nach Paracelsus (Kap. 2.1.2) darauf an, in welchem Zusammenhang und in welcher Menge CO_2 auftritt. Das möchten wir, meine sehr geehrten Damen und Herren, im Folgenden eruieren.

2.2.3.1 Treibhauseffekt

KOHLENSTOFFDIOXID kann man als einen *Thermostat* bezeichnen, welcher die Temperatur der Erdatmosphäre regelt. Wie ist das zu verstehen?

Die Sonne meint es mit der Erde offensichtlich zu gut, denn sie schickt ihrem Planeten mehr Lichtenergie als nötig, was ihn aufheizt. (Das kennen Sie selbst: Wenn Sie lange in der Sonne liegen, wird es Ihnen ganz schön heiß und Sie fangen allmählich an zu verbrennen.) Deshalb muss ein großer Teil der Wärme (= Infrarot-Strahlung) ins Weltall zurückgeführt werden. Hier kommt das in der Erdatmosphäre befindliche Kohlenstoffdioxid ins Spiel. Diese Verbindung absorbiert die von der Erdoberfläche reflektierte Strahlung und wandelt sie in Bewegungsenergie um: CO_2 fängt an zu turnen; das symmetrische lineare Molekül streckt und biegt sich, wie in der Abbildung 9 gezeigt.

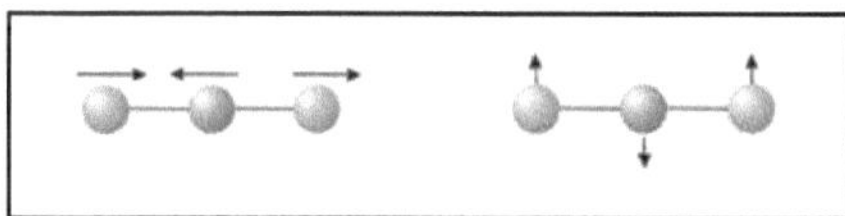

Abbildung 9: Durch infrarotes Licht initiierte asymmetrische Streckschwingung (links) bzw. Knickschwingung (rechts) des Kohlenstoffdioxids.

Wenn viel CO_2 in der Atmosphäre ist, bleibt dort – wie in einem Treibhaus – die Wärme zurück, so dass auf der Erde eine *Heißzeit* resultiert. Und umgekehrt, wenn wenig CO_2 da ist, herrscht eine *Eiszeit*. Beides hat es in der Erdgeschichte mehrfach gegeben. Änderungen in der atmosphärischen CO_2-Konzentration haben sich bis vor etwa 200 Jahren langsam entwickelt, sodass sich das Ökosystem Erde darauf einstellen konnte und die Evolution des Lebens mitkam. Aber seit Beginn der Industriellen Revolution, die im Wesentlichen durch die Dampfmaschine und andere technische Entwicklungen und die dafür erforderliche Energiebereitstellung durch Verbrennung von Kohle und später von Erdöl und Erdgas forciert worden ist, beobachtet man einen – menschengemachten – raschen Anstieg der Menge an Treibhausgas, u.a. verbunden mit Gletscher- und Eisschmelzen in einer in der Vergangenheit der Erde so noch nie dagewesenen Schnelligkeit.

Das Verschwinden weißer Flächen führt in Hinblick auf die Erderwärmung zu einer sogenannten positiven Rückkopplung, die aber überhaupt nicht „positiv“, sondern ein Teufelskreis ist. Weiß reflektiert das Sonnenlicht sehr gut. Sind die weißen Eis- und Schneeflächen hingegen weg und kommt erst der dunkle Boden oder das dunkle Wasser zum Vorschein, wird das Sonnenlicht stärker absorbiert, was die Erderwärmung beschleunigt, sodass Reste von Eis und Schnee noch schneller schmelzen etc.

Treibhausgase sind drei- oder mehratomige Gase. Neben dem CO_2 spielt das Methan, dass etwa 25mal effektiver ist als Kohlenstoffdioxid, eine Rolle, welches aus der Rinder-Massenzucht stammt bzw. mit zunehmender Erderwärmung immer mehr aus dem auftauenden Permafrost entweicht (Kap. 2.2.1.3).

Die Reduktion von Treibhausgase ist also das Gebot der Stunde, wenn wir die Atmosphärentemperatur und damit den ökologischen Status Quo der Erde erhalten wollen.

2.2.3.2 CO_2-Quellen und -Senken

VIELES zu diesem Thema wurde bereits gesagt, soll hier aber zusammengefasst und ergänzt werden.

CO_2-QUELLEN sind alle *Aerober*, wozu wir Menschen gehören, die Kohlenstoffdioxid als ein Endprodukt ihres Stoffwechsels ausatmen. Diese Emissionen sind aber mengenmäßig gering gegenüber denjenigen aus der Verbrennung von Kohle, Erdöl und Erdgas sowie Holz.

Waldbrände haben zwar dahingehend eine positive Funktion, dass die entstehende Asche dem Boden wertvolle Mineralien zurückgibt, ihn also düngt. Die vielen Waldbrände, die wir heute aufgrund der Erderwärmung und Brandrodung beobachten, sind hingegen fatal, denn das durch sie freigesetzte CO_2 feuert den Treibhauseffekt geradezu an.

Kohle wird in der Metallurgie benötigt, um Metalloxiden den Kohlenstoff zu entziehen (*carbothermische Reduktionen*). Dabei entsteht als Abgas (meistens über die Zwischenstufe des Kohlenstoffmonoxids) CO_2.

$$MO_n + n\,C \rightarrow M + n\,CO$$

Die metallproduzierende Industrie, insbesondere die *Eisenherstellung*, ist deshalb ein bedeutender CO_2-Emittent (s. Kap. 2.2.9.1).

Genauso wie die Kalk- und Zementindustrie. Hier wird Kalkstein (Calciumcarbonat) bei ca. 1500 °C, dem sogenannten *Kalkbrennen*, zu Calciumoxid und Kohlenstoffdioxid zersetzt:

$$CaCO_3 \xrightarrow{\Delta T} CaO + CO_2$$

Letzteres entweicht in die Atmosphäre, während das Calciumoxid mit Sand und Ton zu Mischoxiden (CaO/SiO_2, CaO/Al_2O_3, $CaO/SiO_2/Al_2O_3$) weiterreagiert, die mit Wasser zu Zement abbinden. Wenn diesem noch Kies zugesetzt wird, entsteht Beton (Kap. 2.2.9.3)

CO_2-SENKEN sind alle Lebewesen, die Fotosynthese betreiben. Mit ihrem biochemischen Wasserstoffträger NADH/H^+ reduzieren sie das Kohlenstoffdioxid aus der Luft zu Glucose und bauen daraus Biomasse auf (Kap. 2.2.4). Die größten CO_2-Senken sind die *tropischen Regenwälder*. Sie abzuholzen oder zu brandroden, ist das größte Verbrechen an der Umwelt. Auch, weil dabei am meisten *Artenvielfalt* verloren geht.

Da Kohlenstoffdioxid in Wasser löslich ist, sind die *Ozeane* wichtige CO_2-Senken. In warmem Wasser, das bei der Erderwärmung zwangsläufig entsteht, ist die CO_2-Löslichkeit allerdings geringer, sodass der CO_2-senkende Effekt nicht mehr so stark ausgeprägt ist bzw. CO_2 sogar wieder an die Atmosphäre abgegeben wird. Das kennen Sie vom Sprudel-Wasser: Wenn es warm wird, entweicht das gelöste Gas. Zunehmende CO_2-Mengen in den Ozeanen führen allerdings auch zu deren Versauerung; schließlich ist in Wasser gelöstes Kohlenstoffdioxid Kohlensäure:

$$CO_2 + H_2O \rightarrow H_2CO_3 \rightarrow H^+ + HCO_3^-$$

Diesen Effekt beobachtet man bereits, z.B. am Great Barrier Reef, mit fatalen Folgen insbesondere für solche Meereslebewesen, die einen Panzer aus Calciumcarbonat haben, der sich unter Säureeinwirkung zum Calciumhydrogencarbonat auslöst:

$$CaCO_3\,(s) + H_2CO_3 \rightarrow Ca(HCO_3)_2\,(aq)$$

Das in Verbrennungskraftwerken, Hochöfen oder Kalbbrennöfen in riesigen Mengen freigesetzte Kohlenstoffdioxid (s.o.) kann man grundsätzlich in alkalischen Wäschern einfangen und dann z.B. in ausgebeuteten Erdöl- und Erdgaslagerstätten speichern. Dieses *CCS-Verfahren* (carbon dioxide capture and storage) ist technisch noch nicht ganz ausgereift, zumal die Dichtigkeit der Endlagerstätten ein Problem bereiten könnte. Es ist aber vielversprechend, um der Erderwärmung auch durch diese sogenannten *negativen CO_2-Emissionen* entgegenzuwirken [29].

2.2.3.3 Demagogie der Klimawandel-Leugner

DAS folgende Kurzvideo [30] wurde vom Competitive Enterprise Institute, einem ThinkTank gegen Klimamaßnahmen, im Jahr 2006 als Reaktion auf den Film „Eine unbequeme Wahrheit“ [31]

des früheren US-Vizepräsidenten und späteren Friedensnobelpreisträgers Al Gore erstellt.

> ***Vorsicht vor der Falschheit der Klimawandel-Leugner!***
>
> https://www.youtube.com/watch?v=7sGKvDNdJNA
>
> *Es gibt etwas in diesen Bildern, was man nicht sehen kann. Es ist essentiell für das Leben. Wir atmen es aus. Die Pflanzen atmen es ein. Es kommt aus dem Tierreich, den Ozeanen, der Erde und den Brennstoffen, die wir darin finden. Man nennt es Kohlendioxid, CO_2. Die Brennstoffe, die CO_2 produzieren, haben uns von einer Welt harter Arbeit befreit, unser Leben erhellt und es uns ermöglicht, die Dinge, die wir brauchen, und die Menschen, die wir lieben, zu schaffen und zu bewegen. Nun wollen einige Politiker Kohlendioxid als Schadstoff einstufen. Stellen Sie sich vor, wenn sie damit Erfolg hätten? Wie würde unser Leben dann aussehen? Kohlendioxid – sie nennen es Verschmutzung, wir nennen es Leben.*

Kurzvideo: „CO_2 – sie nennen es Verschmutzung, wir nennen es Leben!" Die gefährliche Demagogie der Klimawandel-Leugner [30]. (Der Text des Videos ist hier ins Deutsche übersetzt.)

Das Video zeigt wechselnde Bilder und eine ruhige, friedliche Sprache im Hintergrund: Menschen, die fröhlich ihren täglichen Aktivitäten im Freien nachgehen, dann die Natur, Tiere und das Meer. Es gibt Bilder, die belegen, dass die fossilen Brennstoffe es erst ermöglicht haben, schwere Arbeit zu reduzieren. Es gibt auch ein Bild von der tollen Beleuchtung des Times Square, von Kindern, die in ein Auto steigen, um zur Schule oder zu Freunden gefahren zu werden, und von einem Zug, der nützliche Waren transportiert und Menschen in den Urlaub bringt. Dann wechselt die Stimme zu einem besorgten Ton und die Bilder verschwinden allmählich. Schließlich wird ein kleines Mädchen gezeigt, das einen Löwenzahn auspustet.

Das Video ist ein Beispiel dafür, wie Leugner des Klimawandels eine äußerst erfolgreiche Kommunikationskampagne durchgeführt haben, natürlich in diesem Fall für ihre falschen Gründe. Im Video werden positive Emotionen über Gesundheit, Wohlstand und Hoffnung geweckt und insbesondere mit den verschwindenden Bildern gezeigt, was alles verloren gehen kann, wenn nicht die Maßnahmen zur CO_2-Reduktion gestoppt werden, die Al Gore fordert und mit großem Engagement vorantreibt.

2.2.4 Kohlenhydrate

SEHR geehrte Studierende, im Kapitel 2.2.2.3 habe ich behauptet, dass die Fotosynthese der wichtigste chemische Prozess ist. Wieso? Nun, die Sonne schickt – ohne Rechnung (!) – reichlich Lichtenergie, welche vor allem die grünen Pflanzen zur Wasserzersetzung nutzen, dabei Sauerstoff an die Atmosphäre abgeben und den Wasserstoff biochemisch in Form von $NADH/H^+$ speichern. In der zweiten Phase nehmen die Pflanzen Kohlenstoffdioxid aus der Luft oder das im Wasser gelöste auf – sie sind, wie wir im Kapitel 2.2.3.2 gehört haben, die wichtigste CO_2-Senke – und reduzieren es in einem mehrstufigen Prozess zu Glucose (Traubenzucker, Abb. 10), dem zentralen Brenn- und Baustoff des Lebens.

Fasst man die beiden Phasen der Fotosynthese zusammen, so werden die energiearmen Stoffe Kohlenstoffdioxid und Wasser zum Nulltarif in die energiereichen Stoffe Zucker und Sauerstoff umgewandelt:

Lichtphase:
$$\mathbf{12\ H_2O + 12\ NAD^+ \rightarrow 6\ O_2 + 12\ NADH/H^+}$$

Dunkelphase:
$$\mathbf{6\ CO_2 + 12\ NADH/H^+ \rightarrow C_6H_{12}O_6 + 6\ H_2O + 12\ NAD^+}$$

Bruttogleichung: $\mathbf{6\ CO_2 + 6\ H_2O \rightarrow C_6H_{12}O_6 + 6\ O_2}$

Das muss hier einfach fett gedruckt sein. Cool, krass, episch, turbogeil … Wie Sie die Fotosynthese in der Jugendsprache ausdrücken, bleibt Ihnen, liebe Studierende, selbst überlassen. Ich will die Fotosynthese einfach *genial* nennen. Die Natur ist eben der größte Chemiker aller Zeiten. Davon müssen wir lernen und das Prinzip der Fotosynthese kopieren: Das kostenlose und reichlich vorhandene Sonnenlicht in einen elektrischen Stromfluss umwandeln, diesen entweder direkt oder für die elektrolytische Wasserzersetzung nutzen, den dabei entstehenden Wasserstoff speichern (in Gastanks und -leitungen, als Flüssiggas oder auf Trägermedien) und später als Reduktionsmittel (Brenngas in Kraftwerken, Brennstoffzelle, in der Metallurgie) verwenden, wobei als „Abfall" reines Wasser entsteht.

Das ist keine Utopie, sondern machbar. Das Sonnenlicht können wir nämlich mit Hilfe des fotohalbleitenden Siliciums (*Solarzelle*, Kap. 2.2.9.3) in elektrischen Strom umwandeln. Mit

Parabolspiegeln können wir es in einem Brennpunkt konzentrieren und mit der so gebündelten Wärmeenergie Wasser kochen, um mit dem Wasserdampf eine Turbine zur Stromerzeugung anzutreiben (*Solarkraftwerk*). Platz für riesige technische Anlagen haben wir in erster Linie in den Wüstenregionen auf der Erde.

Nun wollen wir uns das Primärprodukt der Fotosynthese und seine vielseitige Folgechemie genauer anschauen.

2.2.4.1 Monosaccharide

DIE Strukturen der Einfachzucker (Abb. 10) sind komplizierter als die von Wasser, Kohlenstoffdioxid oder Schwefelsäure. Aber keine Angst, meine Damen und Herren, sie sind trotzdem verständlich.

Betrachten wir zunächst die kettenförmige *Glucose*. An ihrem in der Zeichnung oberen (ersten) Kohlenstoffatom trägt sie einen doppelt gebundenen Sauerstoff und einen Wasserstoff. Diese Kombination zeichnet einen Aldehyd aus, RCOH (R = Rest). An den anderen fünf Kohlenstoffatomen sitzt jeweils eine OH-Gruppe; dieses Strukturelement ist charakteristisch für einen Alkohol, ROH.

Weiter zur *Galactose*. Dieser Zucker unterscheidet sich von der Glucose nur dadurch, dass in der Zeichnung am vierten Kohlenstoffatom von oben die OH-Gruppe links und nicht rechts steht. Zwei Verbindungen wie Glucose und Galactose, die beide die Summenformel $C_6H_{12}O_6$, aber eine andere Struktur aufweisen, bezeichnet man als *Isomere*.

Ein weiteres Isomeres dieser beiden Verbindungen ist die *Fructose*. Hier sitzt der doppelt gebundene Sauerstoff nicht am ersten, sondern am zweiten Kohlenstoff der C-Kette. Eine Verbindung mit dem Strukturelement $R^1R^2C{=}O$ bezeichnet man als Keton.

Aldehyde und Ketone fasst man unter dem Oberbegriff Carbonyle zusammen.

Glucose, Galactose und Fructose sind Beispiele für C_6-Zucker; *Ribose* ist eine Nummer kleiner und ein C_5-Zucker.

Diese kettenförmigen Moleküle liegen aber nur in kleiner Menge von ca. 0,1 % in einem chemischen Gleichgewicht mit ihren *ringförmigen Isomeren* vor. Das kommt daher, weil die C-Kette nicht starr ist, sondern sich drehen und wenden kann, bis – bei der Glucose – die OH-Gruppe am fünften C-Atom über oder unter die C-O-Doppelbindung am ersten Kohlenstoff zu liegen kommt und sich daran anlagert: H des Alkohols an O des Carbonyls und O des Alkohols an C des Carbonyls. (Klingt kompliziert; bitte einfach genau auf die Abbildung 10 (unten) schauen.) Auf diese Weise entstehen Sechsringe, die aus fünf Kohlenstoffatomen und einem Sauerstoffatom bestehen. Durch die Additionsrichtung der OH-Gruppe an die Carbonylgruppe von oben bzw. von unten zeigt die neu entstehende OH-Gruppe am markierten Ringatom 1 in der Zeichnung nach unten bzw. nach oben. Die erste, sogenannte *α-Form* der Glucose liegt im Gleichgewicht zu etwa einem Drittel, die andere *β-Form* zu zwei Dritteln vor.

Bei den anderen Monosacchariden in der Abbildung 10 laufen analoge Ringbildungen ab.

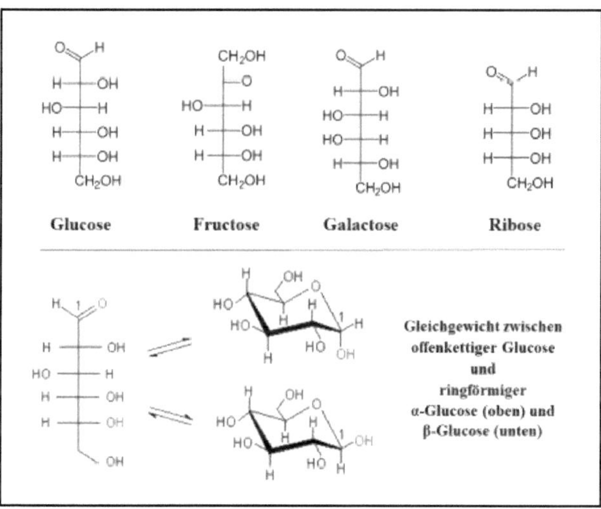

Abbildung 10: Einige Monosaccaride. (0,1 %, 36 %, 64 %)

2.2.4.2 Di- und Polysaccharide

AM Anfang unserer Vorlesung, bei der Besprechung des Massenwirkungsgesetzes (Kap. 2.1.1), haben wir den Begriff Kondensationsreaktion kennengelernt: Dabei reagieren zwei Moleküle miteinander unter Abspaltung von Wasser. Diesen Reaktionstyp können auch die Monosaccharide eingehen. Wie in der Abbildung

11 gezeigt, kann eine Glucose mit einer Fructose zu dem Disaccharid (Zweifachzucker) *Saccharose* kondensieren. Das ist unser Haushaltszucker. Eine Galactose kann mit einer zweiten Galactose zu dem Disaccharid *Lactose* reagieren. Das ist der Milchzucker.

$$R^1OH + HOR^2 \rightarrow R^1OR^2 + H_2O$$

Polysaccharide (Vielfachzucker) entstehen, wie der Name schon sagt, wenn ganz viele Monosaccharide miteinander Kondensationsreaktionen eingehen. Bekannt sind Ihnen, meine Damen und Herren, bestimmt *Stärke* und *Cellulose*. Bei der Stärke wird als Baustein die α-Glucose verwendet. Stärke ist der Hauptbestandteil von Getreide, Reis, Mais und Kartoffeln und damit einer unserer wichtigsten Nährstoffe. Bei der Cellulose ist der Baustein die β-Glucose. Ein einzelnes Cellulosemolekül wickelt sich zu einer Helix (Primärstruktur). Mehrere solcher spiralförmigen Makromoleküle können sich wie die Fäden in einem Tau verwickeln (Sekundärstruktur), sodass eine reißfeste Faser resultiert. Diese finden wir insbesondere in der Baumwolle und im Holz.

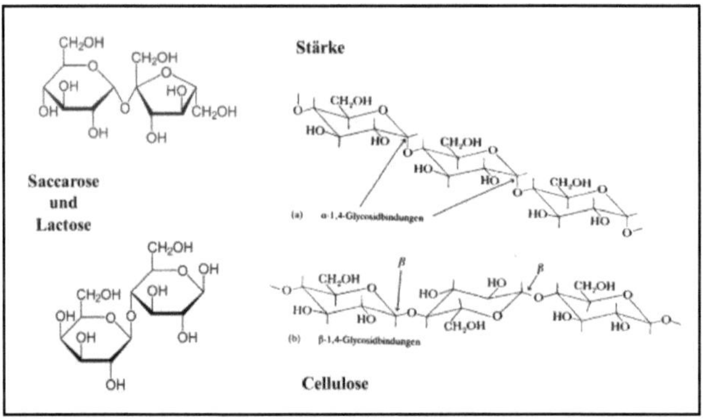

Abbildung 11: Jeweils zwei bekannte Di- und Polysaccharide.

Die Saccharose, im Volksmund einfach „Zucker“ genannt, sowie die beiden Biopolymere Stärke und Cellulose haben Weltgeschichte geschrieben.

ZUCKER aus Zuckerrohr kam erst in der Folge der brutalen Eroberung Mittel- und Südamerikas nach Europa und war zunächst ein süßer Luxus der Reichen. Der Sonnenkönig Ludwig XIV war ein besonderer Zuckerliebhaber und schon in mittleren Lebensalter … zahnlos. Er war ein prominentes Opfer der damals so noch nicht gekannten und genannten Krankheit Karies, während seine armen Landsleute, die sich den Zucker nicht leisten konnten, ein gesünderes Gebiss aufwiesen. Zum Massenprodukt in Europa konnte Zucker erst werden, als eine billige Produktion in den Herkunftsländern etabliert war, und zwar durch Sklavenarbeit mit „importierten“ Schwarzafrikanern. Während diesen jegliches Menschenrecht aberkannt wurde und sie in Armut und Gefangenschaft schuften mussten, wurden die Zuckerkonsumenten immer dicker und ihre Zähne schlechter. Heute ist die Sklaverei zwar abgeschafft, aber die Arbeitsbedingungen der Menschen, die das Zuckerrohr anbauen und ernten, lassen immer noch zu wünschen über. Hier ist noch großer Handlungsbedarf. Für menschenwürdige, sichere und umweltgerechte Arbeitsbedingungen sowie faire Bezahlung machen sich dankenswerterweise zahlreiche NGO (Nicht-Regierungsorganisationen) im Sinne der Nachhaltigkeitsziele der Agenda 2030 verdient und vergeben z.B. Fair-Trade-Siegel. Des Weiteren dürfte das neue Lieferkettengesetz wegweisend sein, wonach Unternehmen garantieren müssen, dass entlang der Lieferkette ihrer Produkte die Menschen- und Kinderrechte geachtet werden und die Umwelt geschützt wird.

So wichtig Zucker und die daraus hervorgehende Glucose als Basischemikalie des Lebens ist und so sehr es auch verständlich ist, dass die meisten Menschen das Süße lieben, darf nicht übersehen werden, dass Karies und Adipositas mittlerweile schwerwiegende Zivilisationskrankheiten sind. Zuckerkonsum verträgt sich nicht mit nachhaltig gesunder Ernährung. Hier ist Aufklärungsarbeit nötig und das Verbot von Werbung für zuckerhaltige Produkte für Kinder längst überfällig. Weltweit sind 170 Millionen Menschen fettleibig, in den USA ein Drittel aller Bürger [16]. Überernährung und die dadurch verursachten Krankheiten und Leiden spielen heute auf der Welt eine größere Rolle als solche, die auf Mangelernährung und Hunger zurückzuführen sind. Ist es nicht geradezu pervers, dass es vielen Menschen gesundheitlich schlecht geht, weil es ihnen wirtschaftlich zu gut geht?

Ist die gentechnische Herstellung von Humaninsulin ein Meilenstein in der Medizingeschichte und ein Segen für die Menschheit? Gewiss ja, wenn man so argumentiert, dass mit dem Enzym die lebensgefährliche Krankheit diabetes mellitus bei Millionen erkrankter Menschen mit großem Erfolg in Schach gehalten werden kann. Wenn es aber den übermäßigen Zuckerkonsum nicht gäbe und die Menschen sich gesund ernähren würden, gäbe es die Krankheit in viel geringerem Umfang, und dann wäre das Medikament nur in wenigen Fällen erforderlich und kein Blockbuster unter den Arzneimitteln geworden.

STÄRKE, polykondensierte α-Glucose, ist vor allem als Hauptbestandteil des Mehls bekannt, Grundlage für Brot, Pizza und – in Kombination mit Zucker – für Kuchen. Die erste Stärke liefernde Pflanze, welche die Menschen kultivierte, war der Weizen. Hören wir uns an, was der israelische Historiker Yuval Noah Harari in seinem Bestseller »Eine kurze Geschichte der Menschheit« [32] darüber schreibt (Lesetext 3).

Der Weizen domestiziert den Menschen

„Sehen wir uns die landwirtschaftliche Revolution einmal aus der Sicht des Weizens an. Vor zehntausend Jahren war der Weizen nur eines von vielen Wildgräsern, das nur im Nahen Osten vorkam. Innerhalb weniger Jahrtausende breitete er sich von dort über die ganze Welt aus. Nach den Überlebens- und Fortpflanzungsgesetzen der Evolution ist er damit eine der erfolgreichsten Pflanzenarten aller Zeiten. Weltweit sind 2,25 Millionen Quadratkilometer mit Weizen bedeckt.

Wie hat der Weizen das geschafft? Indem er den armen Homo sapiens aufs Kreuz legte. Diese Affenart hatte bis vor zehntausend Jahren ein angenehmes Leben als Jäger und Sammler geführt, doch dann investierte sie immer mehr Energie in die Vermehrung des Weizens. Der Weizen ist eine anspruchsvolle Pflanze. Er mag keine Steine, weshalb sich die Sapiens krumm buckelten, um sie von den Feldern zu sammeln. Er teilt seinen Lebensraum, sein Wasser und andere Nährstoffe nicht gerne mit anderen Pflanzen, also jäteten die Sapiens tagein, tagaus unter der glühenden Sonne Unkraut. Der Weizen wurde leicht krank, also mussten die Sapiens nach Würmern und anderen Schädlingen Ausschau halten. Weizen kann sich nicht vor anderen Organismen wie Kaninchen und Heuschrecken schützen, die ihn gerne fressen, weshalb die Bauern ihn schützen mussten. Weizen ist durstig, also schleppten die armen Sapiens Wasser aus Quellen und Flüssen herbei, um ihn zu bewässern. Und der Weizen ist hungrig, weshalb die

Menschen Tierkot sammelten, um den Boden zu düngen, auf dem er wuchs. Auch die Brandrodung kam dem Weizen zugute.

Nicht wir haben den Weizen domestiziert, der Weizen hat uns domestiziert. Das Wort „domestizieren“ kommt von domus für „Haus“. Wer lebt eingesperrt in Häusern? Der Mensch, nicht der Weizen.

Wenn der Regen ausblieb, Heuschreckenschwärme einfielen oder die Pflanze von Pilzen befallen wurde, starben die Bauern zu Tausenden oder Millionen. Der Weizen bot auch keinen Schutz vor menschlicher Gewalt. Die ersten Bauern waren mindestens so gewalttätig wie ihre Vorfahren, wenn nicht gewalttätiger. Bauern hatten mehr Besitzgegenstände und benötigten Land, um ihre Pflanzen anzubauen. Wenn sie eine Weide an ihre Nachbarn verloren, konnte dies den Hungertod bedeuten, weshalb sie viel weniger Spielraum für Kompromisse hatten. Wenn ein Bauerndorf von einem stärkeren Feind bedroht wurde, konnten die Bewohner nicht ausweichen, ohne ihre Felder, Häuser und Schuppen zurückzulassen und den Hungertod zu riskieren. Daher blieben die Bauern und kämpften bis zum bitteren Ende. Etwa 15 Prozent aller Menschen starben eines gewaltsamen Todes. Was also bot der Weizen den bäuerlichen Gesellschaften? Dem Einzelnen hatte er gar nichts zu bieten – wohl aber der Art des Homo sapiens. Der Weizenanbau bedeutete mehr Kalorien pro Fläche, und das wiederum ermöglichte dem Homo sapiens, sich exponentiell zu vermehren. Da die Menschen in schmutzigen und verkeimten Siedlungen lebten, die Kinder mehr Getreide und weniger Muttermilch bekamen und jedes Kind mit immer mehr Geschwistern konkurrierte, schoss die Kindersterblichkeit in die Höhe. In den bäuerlichen Gesellschaften starb mindestens jedes dritte Kind vor Erreichen des zwanzigsten Lebensjahres. Paradoxerweise summierte sich die Abfolge von „Verbesserungen“, die den Menschen eigentlich das Leben erleichtern sollten, im Laufe der Zeit zu einer drastischen Verschlechterung. Wie konnten sich die Menschen derart verkalkulieren? Aus demselben Grund, aus dem sich Menschen im Laufe der Geschichte immer wieder verrechneten. Sie waren ganz einfach nicht dazu in der Lage, ihre Entscheidungen mit all ihren Konsequenzen zu überblicken.

Aber warum gaben die Menschen den Plan dann nicht einfach auf, als er sich als Bumerang erwies? Zum einen, weil Jahrzehnte ins Land gingen, bevor irgendjemand hätte erkennen können, dass die Dinge nicht nach Plan verliefen und weil sich dann – Generationen später – sowieso niemand mehr erinnerte, dass das Leben jemals anders gewesen war. Und zum anderen, weil das Bevölkerungswachstum jede Rückkehr zum früheren Leben unmöglich machte. Es führte kein Weg zurück. Die Falle war zugeschnappt. Der Traum vom besseren Leben fesselte die Menschen ans Elend. Ein Luxus wird schnell zu Notwendigkeit und schafft neue Zwänge. Mit dem Ver-

such, Zeit zu sparen, haben wir lediglich die Schlagzahl erhöht und unser Leben noch hektischer gemacht."

Lesetext 3: Die Domestizierung des Menschen durch den Weizen [32].

Hört man normalerweise nicht, dass das Sesshaft-Werden und der Beginn des Ackerbaus einer der größten Fortschritte der Menschheit gewesen sei, weil dadurch die Befreiung aus dem unsteten und unsicheren Jäger-und-Sammler-Dasein gelungen und ein Bevölkerungswachstum erst möglich geworden sei? Interessant ist der Perspektivenwechsel, den Harari vollzieht. Mit Ackerbau und Landwirtschaft ergeben sich Besitzstände, die es zu verteidigen bzw. zu erobern gilt. Konkurrenz und Krieg drohen nicht nur, sondern sind alltäglich. Die Menschen sehen sich nicht als Teil der Natur, sondern als ihr Beherrscher. Die Notwendigkeit der Pflanzendüngung und des Pflanzenschutzes entsteht, mit den teilweise katastrophalen Folgen, die wir heute kennen. Immer wieder verliert der Boden an Nährstoffen und erodiert durch Wind und Regen, insbesondere als Folge einer zu intensiven – nicht nachhaltigen – (monokulturellen) Bearbeitung; neuer Boden muss erschlossen werden, durch fatale Brandrodung, welche die Artenvielfalt zerstört, den Treibhauseffekt verstärkt (Kap. 2.2.3.1) und die Menschen zur Migration zwingt … Nun, wir können und wollen die Geschichte nicht zurückdrehen; doch dass die Landwirtschaft weltweit einer gründlichen Revision bedarf, ist offensichtlich. Mehr dazu in den Kapiteln 2.2.5, 2.2.6, 2.2.7 und 2.2.4.3 über N- und P-Dünger, Pflanzenschutzmittel sowie Milch.

CELLULOSE, das andere Biopolymer aus Glucose, wächst in nahezu reiner Form als Baumwolle. In viel größeren Mengen kommt sie im Verbund mit Lignin als Holz vor.

Beginnen wir mit der *Baumwolle.* Cellulose bildet reißfeste und strapazierfähige Fasern, sodass sie für die Bekleidungsindustrie interessant ist, zumal sie sich gut färben lässt. Doch ähnlich wie der Zucker- ist auch der Baumwollanbau mit Sklavenarbeit groß geworden. Nach dem Vorbild der mittel- und südamerikanischen Zuckerrohrplantagen arbeiteten auf den Baumwollplantagen in den Südstaaten der USA zunächst Sklaven. Dieser Zustand wurde erst durch den amerikanischen Bürgerkrieg beendet. Ergänzend ist zu sagen, dass die Expansion der Baumwollfelder zu Lasten der ursprünglichen amerikanischen Prärielandschaft und ihrer Tierwelt, insbesondere der Bisons, ging. (Dies gilt in noch stärkerem Maße für die Mais- und Weizen-Monokulturen.)

Die ehemalige Sowjetunion wollte von Baumwollimporten unabhängig sein und erschloss deshalb Anbaugebiete am zentralasiatischen Aralsee. Mit gravierenden ökologischen Konsequenzen. Die Pflanzen benötigen nämlich eine intensive Bewässerung. Das Wasser wurde den Zuflüssen des Sees entnommen, sodass dieser seit 1960 zu etwa 90 Prozent verlandet ist. Sein Salzgehalt ist dabei gleichzeitig um das Vierfache gestiegen. Da Baumwolle außerdem anfällig für Krankheiten ist und häufig von Insekten befallen wird, wurden viele – zu viele – Pflanzenschutzmittel eingesetzt, wovon ein Teil in den Aralsee gespült wurde und ihn vergiftet hat [33].

Die *Blue-Jeans* ist die wohl berühmteste Hose – strapazierfähig und mit *Indigo* (Abb. 12) gefärbt auch recht schick.

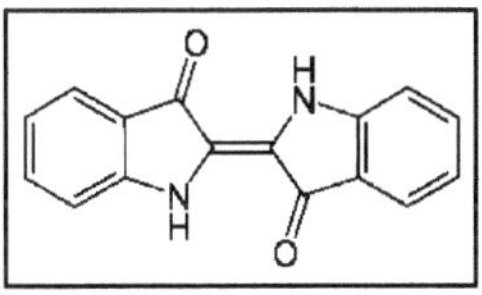

Abbildung 12: Indigo – der Farbstoff für die Blue-Jeans aus Baumwolle.

Doch achten Sie bitte darauf, meine Damen und Herren, wo die Jeans gefärbt wurde; hoffentlich nicht in der indischen Stadt Tirupur. Lesen wir darüber einen Bericht der Organisation Brot-für-die-Welt, die die Profitgier der Färbereibetriebe und die in Kauf genommenen Wasserkontaminationen moniert, die den Flussanliegern ihre Lebensgrundlage raubt (Lesetext 4).

Wassernotstand in T-Shirt-Town

Die Textilindustrie in „T-Shirt-Town", so das Synonym für den wohl weltweit größten Standort der Strickwarenproduktion, tut alles für den modebewussten Konsumenten in devisenkräftigen Ländern. Dafür ist Tirupur bekannt, ja berüchtigt ...

Eine Erfolgsstory. Ökonomisch in der Tat. Doch dafür fließt der Fluss Cauvery, die Lebensader des südindischen Bundesstaates Tamil Nadu, dunkelviolett durch eine heillos im Dreck versinkende Stadt. Es sind haupt-

sächlich die ungeklärten Rückstände der Färbereien und Bleichereien, die den Fluss zur Kloake machen: Chloride, Peroxide, Amine, Säuren, Laugen und Schwermetalle ... Die städtischen Brunnen sind vergiftet. Und der Durst der Färbereien und Bleichereien, wo die Arbeiter in der Regel bis zur Hüfte in chlorhaltigen Bädern stehen, ist angesichts der gigantischen Menge Stoff, die täglich durchgenudelt wird, kaum zu löschen.

Lesetext 4: Die Schattenseite des Polysaccharids Cellulose [34].

Dies alles wäre gar nicht nötig, denn ausgefeilte Methoden zur Abwasserreinigung, die wir im Kapitel 2.2.2.2 kennengelernt haben, gibt es ja; sie müssen nur zum Tragen kommen, was aber nicht nur in Tirupur, sondern auch in vielen anderen Schwellen- und Entwicklungsländern, nicht geschieht. In den reichen Ländern wäre ein Vorgehen wie in Tirupur nicht möglich, doch der Reichtum resultiert, weil viele schmutzige Technologien ins Ausland verlagert wurden und werden, wo die Umweltgesetze und die Sicherheitsstandards nicht so streng sind oder die Mafia das Sagen hat. Globalisierung ist oftmals Neokolonialismus. Oder: Wohlstand innerhalb der Stadtmauer erfordert die Mülldeponie außerhalb (K. Lucas in Kap. 2.1.4).

KOMMEN wir zum *Holz*, einem Verbundwerkstoff. Die Cellulose verleiht einem Baumstamm die Reiß- und Biegefestigkeit, während das die Faser umgebende *Lignin* für die Druckfestigkeit sorgt. Lignin (Abb. 13) ist ein dreidimensional vernetzter Polyether, bei dem Kohlenwasserstoffsegmente mit Sauerstoffatomen verbrückt sind. Holz diente der Menschheit schon immer als Brenn- und Baumaterial, später auch als Ausgangsmaterial für die Zellstoff- und Papierherstellung.

Der Brennwert von Holz ist wegen seines Sauerstoffanteil niedriger als der von Kohle, Erdöl und Erdgas (vgl. Kap. 2.2.1.4). Vorteilhaft ist allerdings, dass ein Baum in 80-100 Jahren nachwächst, während das bei den fossilen Brennstoffen Millionen Jahre dauert. Brandrodungen, um neue landwirtschaftliche Flächen zu erschließen, müssen unterbleiben. Die Bodenfruchtbarkeit ist danach nämlich nur von kurzer Dauer, während die CO_2-Emissionen den Treibhauseffekt verstärken (vgl. Kap. 2.2.3.2).

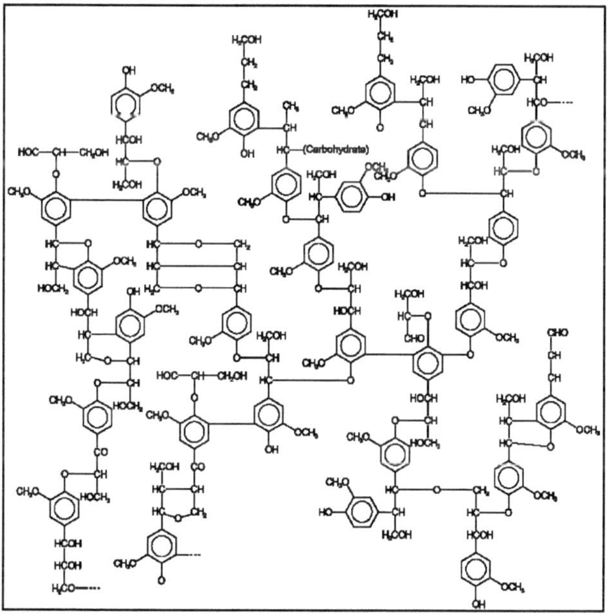

Abbildung 13: Lignin.

Die für die Metallurgie benötigte Kohle war ursprünglich *Holzkohle*, die aus Holz durch langsames Erwärmen hergestellt wurde, wobei Wasser entwich und Kohle übrigblieb.

$$[C_6H_{10}O_5]_n \xrightarrow{\text{Erhitzen}} C_n + 5n\,H_2O$$

Im vorindustriellen Zeitalter wurden ganze Wälder kahlgeschlagen, um an Baumaterial für Häuser und Schiffe zu gelangen. Hans Carl von Carlowitz wies als erster darauf hin, dass das nicht nachhaltig sei und man einem Wald niemals mehr Bäume entnehmen dürfe als nachwachsen (vgl. Kap. 2.1).

Holzabfälle aus der Bau- und Möbelindustrie werden gehäckselt und u.a. mit sulfithaltiger (Na_2SO_3) Natronlauge behandelt. Bei dieser drastischen Methode wird das Lignin in wasserlösliche Bruchstücke zerlegt, die ausgespült werden können. Zurück bleibt *Zellstoff*, der mit Oxidationsmittel wie Chlor oder Wasserstoffperoxid gebleicht und zu *Papier* und

Pappe weiterverarbeiten wird. Diese Materialien können zwar gut zu Altpapier recycelt werden; aber die Abwässer aus der Papierindustrie sind stark kontaminiert und müssen aufwändig gereinigt werden (vgl. Kap. 2.2.2.2), werden es illegalerweise aber oft nicht, sodass Umweltschäden die Folge sind.

2.2.4.3 Weitere Glucose-Folgeprodukte

DER älteste biotechnologische Prozess ist die *alkoholische Gärung*. Ohne chemische Kenntnisse davon haben bereits die Germanen *Bier* gebraut und die Römer *Wein* gekeltert. Man liebte die Getränke und natürlich auch ihre berauschende Wirkung. Wenn die Römer ihr verkeimtes Wasser aus dem Tiber mit Wein verdünnten und auf diese Weise desinfizierten, war die Verwendung von Alkohol ernährungsphysiologisch gesehen sogar positiv. Die Sklaven in der Karibik stellten auf Zuckersaft *Rum* her, der ihnen half, den Kummer über ihr elendes Leben zu ertränken. Aus Mittelamerika gelangte der Alkohol nach Nordamerika, wo den Indianern ihr Land gegen „Feuerwasser" abgekauft wurde, womit die Indigenen nicht nur betrogen, sondern auch krankgemacht wurden – Vorstufe eines Genozids. Auch heute noch ist Alkohol die Droge Nummer 1.

Was steckt biochemisch dahinter (Abb. 14)? Glucose, ein C_6-Baustein, wird von den meisten Lebewesen in einem mehrstufigen enzymatischen Prozess, den man Glykolyse nennt, zu zwei C_3-Bausteinen *Brenztraubensäure* abgebaut. (Diese heißt auf Englisch pyruvic acid, weshalb ihr Salz als *Pyruvat* bezeichnet wird.) Brenztraubensäure wird zum Acetaldehyd decarboxyliert, der abschließend mit einem biochemischen Wasserstoffträger zu Ethanol, der im Volksmund einfach *Alkohol* heißt, reduziert wird:

$$CH_3C(O)CO_2H \rightarrow CH_3CHO + CO_2$$
$$CH_3CHO + NADH/H^+ \rightarrow CH_3CH_2OH + NAD^+$$

Die Brenztraubensäure hat noch andere Reaktionsmöglichkeiten. Bei der sogenannten *Milchsäuregärung* wird sie direkt reduziert:

$$CH_3C(O)CO_2H + NADH/H^+$$
$$\rightarrow CH_3CH(OH)CO_2H + NAD^+$$

Die *Milchsäure* spielt bei der Herstellung von Sauermilchprodukten und Käse eine zentrale Rolle, denn sie bewirkt aufgrund ihrer sauren Eigenschaft das Zusammenballen der Proteine in der Ausgangsmilch. Der Volksmund sagt dazu, dass die Milch gerinnt.

Des Weiteren kann die Brenztraubensäure oxidativ zu *Essigsäure* decarboxyliert werden:

$$CH_3C(O)CO_2H + H_2O + NAD^+$$
$$\rightarrow CH_3CO_2H + CO_2 + NADH/H^+$$

Hierbei handelt es sich *nicht* um eine Verbrennung mit Sauerstoff. In der Biochemie bedeutet Oxidation oftmals Wasserstoffentzug. Der dann gespeicherte Wasserstoff wir erst später in der Atmungskette mit eingeatmeten Sauerstoff zu Wasser verbrannt:

$$NADH/H^+ + 0{,}5\ O_2 \rightarrow NAD^+ + H_2O$$

Wenn wir Alkohol getrunken haben, oxidieren wir ihn über die Zwischenstufe des Aldehyds, der den charakteristischen Geruch einer „Fahne“ verursacht, zur Essigsäure:

$$CH_3CH_2OH + 0{,}5\ O_2 \rightarrow CH_3CHO + H_2O$$
$$CH_3CHO + 0{,}5\ O_2 \rightarrow CH_3CO_2H$$

Diese wird schließlich in den *Zitronensäurezyklus* eingeschleust und zu zwei Molekülen Kohlenstoffdioxid oxidiert. Wiederum ist diese Oxidation keine Verbrennung mit Sauerstoff, sondern Wasserstoffentzug, der auf verschiedene biochemische Träger übergeht:

$$CH_3CO_2H + 2\ H_2O \rightarrow 2\ CO_2 + 4\ „H_2“$$

Der Zitronensäurezyklus mit anschließender Atmungskette ist ein sehr effektiver Weg der Energiebereitstellung.

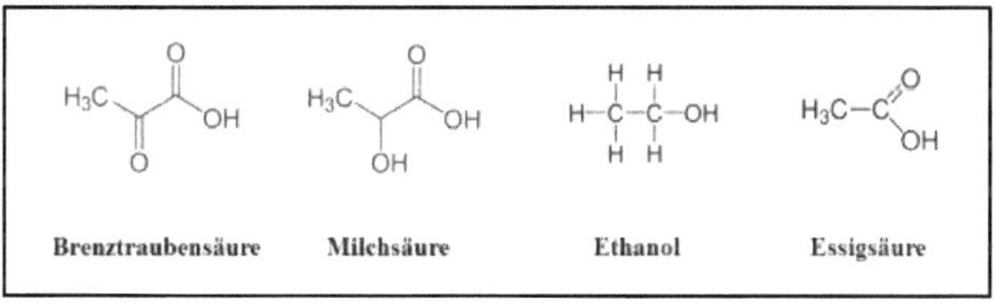

Abbildung 14: Vier Abbauprodukte von Glucose.

DAMIT aber noch nicht genug der Glucose-Folgeprodukte. Sie wissen, meine Damen und Herren, dass ein erhöhter Konsum kohlenhydratreicher Lebensmittel auch zu dem einen oder anderen Fettpölsterchen bzw. der ersten, zweiten und dritten Bauchfettrolle führen kann. Wenn die Kohlenhydrate nämlich nicht direkt zur Energiebereitstellung im Körper erforderlich sind, werden sie zu Fetten umgearbeitet und gespeichert.

Wie das geschieht, ist in der Abbildung 15 beschrieben. Der C_3-Baustein Brenztraubensäure wird zu einem anderen C_3-Molekül, Glycerin, einem dreiwertigen Alkohol, reduziert. Und von dem C_2-Baustein Essigsäure werden mehrere zu *Fettsäuren* zusammengefügt. So wird beispielsweise aus 8 Essigsäure-Molekülen die Palmitinsäure, die $8 \cdot 2 = 16$ Kohlenstoffatome enthält, oder aus 9 Essigsäure-Molekülen die Stearinsäure mit $9 \cdot 2 = 18$ C-Atomen. Das sind zwei prominente gesättigte Fettsäuren, in denen die C-Atome ausschließlich durch Einfachbindungen miteinander verbunden sind, während die in der Abbildung 15 ebenfalls gezeigte Ölsäure eine C-C-Doppelbindung aufweist und deshalb als einfach ungesättigte Fettsäure bezeichnet wird. Der dreiwertige Alkohol Glycerin kann nun mit drei gleichen oder verschiedenen Fettsäuren Kondensationsreaktionen unter Abspaltung von drei Molekülen Wasser eingehen, sodass ein dreiwertiger Ester, ein Triglycerid, entsteht. Ist dieses bei Raumtemperatur flüssig, nennt man es *Öl* (z.B. Ölivenöl), ist es fest, so heißt es *Fett* (z.B. Kokosfett).

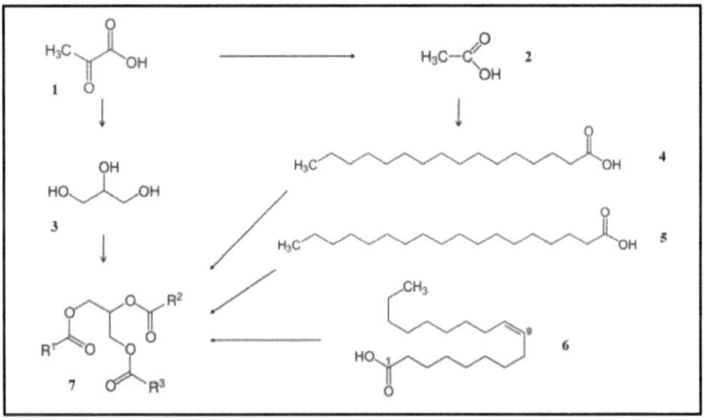

Abbildung 15: Biosynthese von Fetten bzw. Ölen; siehe die Erklärung im Text. 1 = Brenztraubensäure, 2 = Essigsäure, 3 = Glycerin, 4 = Palmitinsäure, 5 = Stearinsäure, 6 = Ölsäure, 7 = Fett bzw. Öl durch Kondensation von Glycerin mit drei gleichen oder verschiedenen Fettsäuren.

Fette und Öle sind gespeicherte Brennstoffe, die bei Bedarf, z.B. bei Nährstoffmangel oder einer Diät, in Brenztraubensäure und Essigsäure zurückverwandelt und dann wie oben beschrieben zu Kohlenstoffdioxid verbrannt werden. Die Bruttogleichung der Glucose-Verbrennung lautet demnach:

$$C_6H_{12}O_6 + 6\,O_2 \rightarrow 6\,CO_2 + 6\,H_2O$$

Unser Stoffwechsel von Glucose (und ihrer Derivate wie Saccharose oder Stärke) ist die Umkehr der Fotosynthese der grünen Pflanzen (Kap. 2.2.4).

Zur Wiederholung: Die Pflanzen produzieren aus energiearmen Kohlenstoffdioxid und Wasser mit Hilfe des Sonnenlichtes die energiereichen Kohlenhydrate und den reaktiven Sauerstoff und machen damit das aerobe, also auch unser Leben erst möglich.

EIN technischer Aspekt der Pflanzenölchemie sei noch ergänzt. *Palmöl* hat in den letzten Jahren als *Bio-Diesel* Bedeutung erlangt. Das Triglycerid wird mit Methanol zu Glycerin und Fettsäuremethylestern umgeestert, die eine Viskosität und einen ungefähren Brennwert wie Dieselkraftstoff besitzen und als sogenannter *nachwachsender Kraftstoff* in Dieselmotoren verbrannt werden können. Die Grundüberlegung dieses Konzeptes ist durchaus charmant: Bei der Verbrennung der Stoffe entsteht etwa so viel Kohlenstoffdioxid, wie zuvor bei der oben geschilderten Biosynthese des Palmöls der Atmosphäre entzogen worden ist. Autofahren wäre damit klimaneutral. Doch das ist zu kurz gedacht. Denn insbesondere in Indonesien wurden und werden riesige Urwaldflächen gerodet, um Platz für die Palmenplantagen zu gewinnen. Diese Monokulturen bieten bei Weitem nicht die Artenvielfalt des tropischen Regenwaldes und ihre Funktion als CO_2-Senken ist gegenüber einem Urwald gering. *Bio-Diesel ist also ein ökologischer Etikettenschwindel.*

Dies gilt in ähnlicher Weise für *Bio-Ethanol.* Für diesen „nachwachsenden Kraftstoff" werden Anbauflächen für Zuckerrohr oder -rüben umfunktioniert.

DIE Biochemie des Stickstoffs besprechen wir im Kapitel 2.2.5. Hier sei bereits vorweggenommen, dass sich eine Stammverbindung der Stickstoffchemie, Ammoniak, NH_3, mit einigen Zuckerderivaten zu *Aminosäuren* kombinieren lässt. Beispielsweise wird Brenztraubensäure mit Ammoniak zu Alanin verknüpft, einer der 20 essenziellen Aminosäuren (Abb. 16).

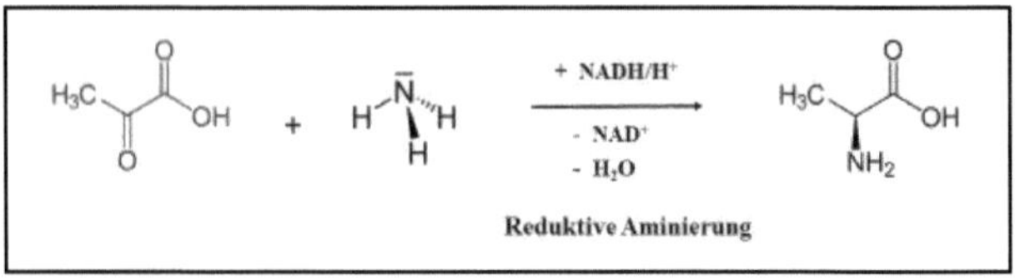

$+ NADH/H^+$, $- NAD^+$, $- H_2O$

Reduktive Aminierung

Abbildung 16: Ein Glucose-Derivat als Ausgangsstoff für eine Aminosäure – Bildung von Alanin aus Brenztraubensäure und Ammoniak durch reduktive Aminierung.

VON der Glucose führen mehrstufige biochemische Wege zu den bekannten Vitaminen C (Ascorbinsäure) und A (Retinol) (Abb. 17). Diese fungieren in erster Linie als *Antioxidantien*; d.h. sie fangen Oxidationsmittel ab, die sonst unerwünschte Zerstörungen in unseren Körpern verursachen könnten, z.B. Peroxide als Nebenprodukte der Atmung(skette) oder Radikale, die sich unter dem Einfluss von UV-Strahlung gebildet haben. Die beiden Vitamine teilen sich die Arbeit: *Vitamin C* ist wasserlöslich und entfaltet seine reduzierende Wirkung im wässrigen Bereich eines Organismus, während *Vitamin A* fettlöslich und folglich für den Fettbereich zuständig ist. Vitamin C wird gerne zur Konservierung von Lebensmittel verwendet. Es nimmt aeroben Bakterien den Sauerstoff zum Leben und kann von uns bedenkenlos mitgegessen werden, denn es ist ja gesund. Vitamin A bzw. sein Vorläufer, der orange Farbstoff Carotin, ist in vielen Sonnenschutzmitteln enthalten.

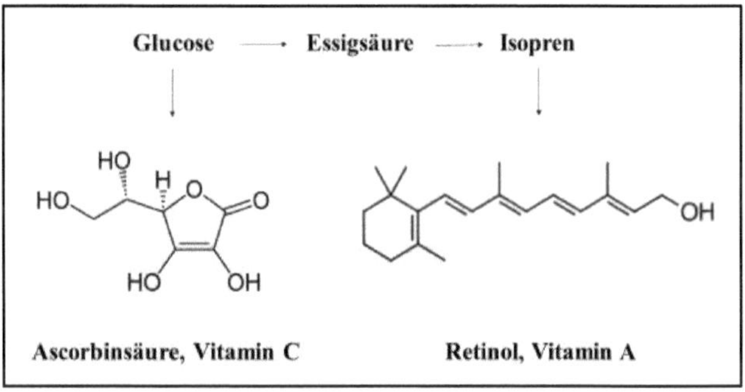

Glucose → Essigsäure → Isopren

Ascorbinsäure, Vitamin C

Retinol, Vitamin A

Abbildung 17: Die beiden bekanntesten Vitamine.

In einigen asiatischen Ländern herrschte chronischer Vitamin A-Mangel bei einem Großteil der armen Landbevölkerung. Hier hat ein gentechnisch veränderter Reis Abhilfe geschaffen. Dieser produziert nämlich zusätzlich Carotin, den Vorläufer des Vitamins A. Dies ist ein sehr positives Beispiel für den Einsatz von Gentechnik in der Landwirtschaft. Der an sich weiße Reis nimmt durch den Karottenfarbstoff eine schöne Farbe an und wird deshalb als *golden rice* gepriesen.

MILCH ist das Lebensmittel, in dem praktisch alle bislang besprochenen Glucose-Folgeprodukte vorkommen. Sie enthält verschiedene Zucker, Fette, Aminosäuren, Proteine (von denen einige gleichzeitig Enzyme sind), Vitamine sowie zusätzlich zahlreiche Mineralien.

Die Kuhmilch ist in ihrer Zusammensetzung optimal für das Kalb, die Schafsmilch für das Lamm, die Stutenmilch für das Fohlen und die Frauenmilch für den menschlichen Säugling. Wir Menschen vertragen in der Regel auch die Milch von Kühen, Schafen, Ziegen und Kamelen recht gut; einige Menschen leiden allerdings unter einer Lactose-Intoleranz. Insgesamt basiert eine gewaltige Produktions- und Verarbeitungsindustrie auf der Milch. Mengenmäßig mit Abstand am bedeutendsten ist dabei die Kuhmilch – und deren Produktion ist unweigerlich mit der von Rindfleisch gekoppelt.

Gewiss, Käse, Eiscreme und zahllose andere Kreationen aus Milch sind nicht nur nahrhaft, sondern oftmals wahre Delikatessen; dennoch dürfen wir, sehr geehrte Studierende, die Schattenseiten der Milchwirtschaft keineswegs ausblenden. Auf tierethische Probleme bei der Massentierhaltung, der ungeklärten Frage, wohin mit der vielen Gülle und dem erheblichen Beitrag der Rinder zum Treibhauseffekt aufgrund ihrer stoffwechselbedingten Methan-Emissionen wurde bereits im Kapitel 2.2.1.3 hingewiesen. Was sonst noch in der Milchwirtschaft unter ökologischen Bedingungen schiefgelaufen und auch heute noch nicht in Ordnung ist, verraten exemplarisch die Lesetexte 5, 6 und 7: Es geht um den ökologischen Fußabdruck eines Joghurts, um globale Umweltgifte, die sich über die Nahrungskette in die Milch – auch die Muttermilch – eingeschlichen haben, sowie den Verlust an Bodenfruchtbarkeit durch Überweidung und Überdüngung. Nicht vergessen sollten wir zudem, dass die Überproduktion von Milch in der EU und vor allem in Deutschland dazu geführt hat, dass billiges Milchpulver als Massenware in Schwellen- und Dritte-

Welt-Länder exportiert wird, sodass dort die tradierte kleinbäuerliche Milchwirtschaft nicht mehr rentabel ist und die Bauer in die Arbeitslosigkeit gedrängt werden, mit weiteren fatalen sozialen Konsequenzen. Dies ist einer der schlimmen Auswüchse der globalen Weltwirtschaft, dem Einhalt zu gebieten ist.

Der weite Weg eines in Süddeutschland hergestellten Früchtejoghurts

Rohbakterien kommen aus Schleswig-Holstein; der Zucker aus der Region; die Erdbeeren werden in Polen gepflückt und in Aachen verarbeitet, das Gläschen in Bayern hergestellt (die für das Glas notwendigen Zutaten kommen von weit her), die Milch kommt aus der Umgebung der Molkerei (noch), das Etikett liefert eine Firma aus Bayern, die das Papier allerdings aus Norddeutschland bezieht, der Etikettenleim kommt aus Belgien, der Aludeckel wird aus Bauxit und Rohaluminium im Rheinland hergestellt. Für den überregionalen Transport werden die Joghurtgläschen verpackt: Pappkisten, Zwischenlagen, Kunststofffolien ... Rechnet man alles zusammen, hat dieser Joghurt 8447 Kilometer hinter sich, bevor er in den Kühlschrank eines Verbrauchers gestellt werden kann. In den 1930er-Jahren konnte die Milch auch schon mal über 100 Kilometer hinter sich gebracht haben. Damals aber vollzog sich die Verarbeitung zu Frischmilchprodukten wie Dickmilch und Quark vor Ort und vielfach in den Haushalten selbst.

Lesetext 5: Globalisierung und ökologischer Fußabdruck ([12], S. 178).

Unser tägliches Gift gib' und heute

Die Risiken der intensiven Landwirtschaft zeigten sich schon seit den 1970er-Jahren in der Milch. Rückstände von Pflanzenschutzmitteln, vorneweg chlorierte Kohlenwasserstoffe wie DDT (Verbot 1972) und Lindan (Verbot 1978), waren vor allem über Importfuttermittel und Maßnahmen der Ungezieferbekämpfung via Kuh in die Milch gelangt. 28 Grenzwerte und Höchstmengen wurden festgelegt, chlorierte Kohlenwasserstoffe verboten. Mitte der 1980er-Jahre wurden erneut via Importfuttermittel die krebserregenden Schimmelpilzgifte, die Aflatoxine, ein Problem. Auch dafür gibt es jetzt Grenzwerte. Schadstoffe aus der Umwelt, wie Blei und Cadmium in den 1970er-Jahren, wurden in den 1980er-Jahren durch PCB-Rückstände abgelöst. Holzimprägniermittel, Siloanstriche, Klärschlämme hatten das Industriegift in die Milch von Betrieben gebracht, die daraufhin gesperrt wurden. PVC-Weichmacher der für die Milch ge-

nutzten Plastikverpackungen wurden in Käse und anderen Milchprodukten gefunden. Die 1988 verabschiedete Schadstoffhöchstmengen-Verordnung reagierte darauf. Einen letzten Höhepunkt der Milchverunreinigung mit industriellen Schadstoffen bildeten 1986 radioaktives Cäsium als Folge des Reaktorunfalls in Tschernobyl.

Lesetext 6: Schadstoffe und ihre entropische Verteilung ([12], S. 223).

Das elfte Gebot

In einer Radioansprache aus Jerusalem im Juni 1939 schlug Walter Lowdermilk ein elftes Gebot vor, von dem er sich vorstellte, dass Moses es eingefügt hätte, hätte er vorhergesehen, was aus seinem Gelobten Land, [wo angeblich Milch und Honig fließen], werden sollte: »Du sollst die Heilige Erde als Erbe gewissenhaft verwalten und ihre Ressourcen und Ertragsfähigkeit von Generation zu Generation schützen. Du sollst deine Felder vor Bodenerosion bewahren … und deine Berge vor Überweidung durch deine Herden, so dass deine Nachfahren auf ewig im Überfluss leben mögen. Doch sollte jemand das Land nicht gewissenhaft behandeln … so soll seine Nachkommenschaft schrumpfen und in Armut leben oder vom Antlitz der Erde scheiden.«

Lesetext 7: Heilige Erde – das elfte Gebot ([10], S. 103).

GUMMI – mit diesem nicht-essbaren Glucose-Folgeprodukt möchten wir das Zucker-Kapitel abschließen. Wie oben besprochen, wird Glucose über die Zwischenstufe der Brenztraubensäure zu Essigsäure abgebaut. Diese kann zu einem phosphorylierten (aktivierten) Isopren weiterverarbeitet werden, welches wiederum das Ausgangsmolekül für die Biosynthese zahlloser Wirkstoffe wie Cholesterin, Cortison, der Geschlechtshormone Testosteron und Östrogen, der Aromastoffe im Rosenöl sowie des Vitamins A (Abb. 17) ist. Außerdem wird das phosphorylierte Isopren u.a. in dem im Amazonasbecken vorkommenden Gummibaum polymerisiert (Abb. 18 oben). Das harzartige Produkt ist nach dem Trocknen der Naturkautschuk, der im Volksmund einfach Gummi genannt wird. Hauptnutzer davon ist die Autoreifenindustrie. Hier werden die einzelnen Makromoleküle über ihre Doppelbindungen mit Schwefel vernetzt, sodass der ursprünglich sehr weiche Naturkautschuk gehärtet wird. Zugesetzter Ruß macht das Material antistatisch und färbt es zudem schwarz. Auch im Fenster- und Maschinenbau ist Gummi unverzichtbar, vor allem als Dichtungsmaterial zwischen einzelnen Teilen.

Im zweiten Weltkrieg war Deutschland von den Gummi-Lieferungen aus Amazonien abgeschnitten. Hitlers Kriegsmaschinerie drohte zu stocken, sodass synthetischer Kautschuk erfunden wurde, herstellbar aus den Erdölfolgeprodukten Butadien und Styrol durch eine Copolymerisation (Abb. 18 unten). Er hat elastische Eigenschaften, die dem Naturkautschuk sehr ähneln. Schade, dass die Erfindung so erfolgreich war; denn sonst wäre der fürchterliche Krieg früher zu Ende gewesen. *Es ist zwar kein Naturgesetz, aber eine traurige Wahrheit, dass der Krieg der Erfinder aller Dinge ist.* Dies werden wir im folgenden Kapitel über den Stickstoff erneut hören.

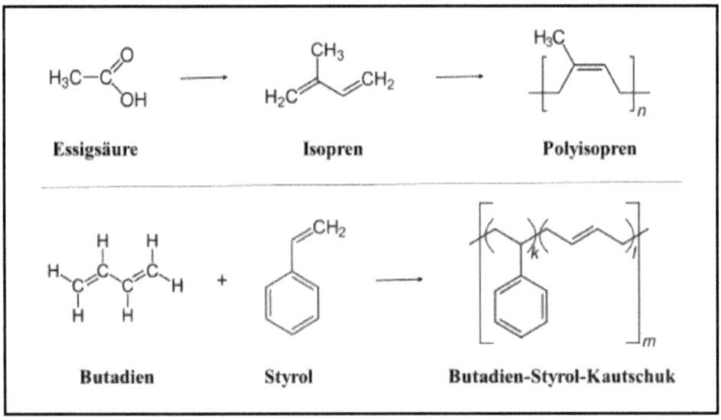

Essigsäure — **Isopren** — **Polyisopren**

Butadien + **Styrol** — **Butadien-Styrol-Kautschuk**

Abbildung 18: Biosynthese von Naturkautschuk (oben) und dem technischem Kautschuk Buna© (unten) im Vergleich.

2.2.5 Stickstoff

STICKSTOFF ist als zweiatomige Elementverbindung, N_2, mit 78 % der Hauptbestandteil der Luft. Die beiden Stickstoffatome halten über eine Dreifachbindung fest zusammen, sodass eine hohe Aktivierungsenergie von über 1000 °C aufgebracht werden muss, um sie voneinander zu trennen und zu Folgereaktionen zu befähigen.

Bei Gewittern ist dies der Fall. Im Zentrum eines Blitzes herrschen Temperaturen über 20.000 °C, sodass die in der Nähe befindliche N_2- und O_2-Teilchen atomisiert werden und sich beim Abkühlen zunächst zu dem farblosen *Stickstoffmonoxid*, NO, verbinden können. Dieses wird bei weiterem Abkühlen zu braunen *Stickstoffdioxid*, NO_2, oxidiert und in Gegenwart von Luftfeuchtigkeit zu *Salpetersäure*, HNO_3. Diese fällt irgendwann als salpetersaurer Regen auf die Erde, reagiert dort zu ihrem Salz, dem Nitrat, NO_3^-, und leistet auf diese Weise einen kleinen Beitrag zur Düngung des Bodens.

$$N_2 + O_2 \xrightarrow{\text{Blitz}} [\,2\,N + 2\,O\,] \rightarrow 2\,NO$$

$$2\,NO + O_2 \xrightarrow{\text{Normaltemperatur}} 2\,NO_2$$

$$2\,NO_2 + 0{,}5\,O_2 + H_2O \rightarrow 2\,HNO_3$$

Eine weitere natürliche Quelle für Stickstoffoxide ist der *Vulkanismus*. Die Sage berichtet, dass der Gott Vulcanus unterirdisch an seiner Feuerstelle arbeitet und dabei feurige Lava an die Erdoberfläche spritzt. An der rotglühenden Gesteinsschmelze laufen die oben diskutierten Reaktionen zwischen Stickstoff und Sauerstoff ebenfalls ab. Stickstoffoxide sind Reizstoffe, sodass berechtigterweise davor gewarnt wird, sich in der Nähe aktiver Vulkane aufzuhalten.

Viele von uns sind selbst kleine Vulcanuli ([13], S. 41-42); nämlich dann, wenn wir mit einem Auto fahren, das einen Benzin- oder Dieselmotor hat. Beim Verbrennen der Kohlenwasserstoffe wird es im Motor über 1000 °C heiß, sodass auch hier die Komponenten N_2 und O_2 aus der Luft wie oben geschildert miteinander reagieren.

Bei schönem Wetter und starkem Autoverkehr kommt es als Folge der NO_x-Bildung leicht zur Entstehung von *Fotosmog* (auch Los Angeles-Smog genannt, weil das Phänomen erstmals in der amerikanischen Großstadt beobachtet wurde). Darunter versteht man eine überhöhte Ozonkonzentration in Bodennähe (nicht zu verwechseln mit dem Ozon in 30 Kilometer Höhe, das uns vor kosmischer Strahlung schützt; Kap. 2.2.2.3), was wegen der reizenden und im Extremfall Lungenödem-bildenden Wirkung von Ozon eine Gesundheitsgefährdung bedeuten kann. Das Stickstoffdioxid überträgt nämlich unter Einwirkung von UV-Strahlung, die bei schönen Wetter mit Sonnenschein stark ausgeprägt ist, eins seiner Sauerstoffatome auf den in der Luft anwesenden Disauerstoff:

$$2\,NO_2 + 2\,O_2 \xrightarrow{\text{UV-Licht}} 2\,NO + 2\,O_3$$

Eine erhebliche Reduzierung der NO_x-Emissionen aus Benzinmotoren gelingt mit dem *3-Wege-Katalysator*: Die aus dem Motor kommenden heißen Verbrennungsgase werden über eine Edelmetalllegierung aus Platin (Hauptmetall), Palladium und Rhodium, die auf ein hochtemperaturstabiles, poröses Trägermaterial aus Aluminiumoxid und Magnesiumalumosilikat aufgezogen ist, geleitet. Hier werden restliche Kohlenwasserstoffe, die noch nicht im Motor verbrannt worden sind, zu Kohlenstoffmonoxid und Wasser verbrannt:

$$\text{Rest-C–H} + O_2 \xrightarrow{\text{3–Wege–Katalysator}} CO + H_2O$$

Weiterhin wird das giftige CO zu CO_2 oxidiert und toxisches NO zu ungiftigem N_2 reduziert (womit die drei Hauptfunktionen des 3-Wege-Katalysators beschrieben sind). Eine wichtige Reaktion ist dabei die von Kohlenstoffmonoxid mit Stickstoffmonoxid:

$$2\,CO + 2\,NO \xrightarrow{\text{3–Wege–Katalysator}} 2\,CO_2 + N_2$$

Für Dieselmotoren wurde die AdBlue®-Technologie erfunden. Hierbei dient eine eingespritzte Harnstoff-Lösung als Quelle für Ammoniak, NH_3, welches die im Auspuff befindlichen Stickstoffoxide reduktiv entgiftet.

$$(NH_2)_2CO + H_2O \rightarrow 2\,NH_3 + CO_2$$
$$2\,NH_3 + NO + NO_2 \rightarrow 2\,N_2 + 3\,H_2O$$

Das funktioniert prima; die Technik muss nur eingeschaltet sein. Wenn sie aber aus Kostengründen so programmiert ist, dass sie beim normalen Fahren ausgeschaltet und nur bei der Abgaskontrolle durch den Technischen Überwachungsverein eingeschaltet ist, um nicht wegen Verstoßes gegen die Abgasverordnung erwischt zu werden, ist das Umweltkriminalität und Betrug am Autokäufer. Bei diesem Autoabgasskandal vor wenigen Jahren mussten die verbrecherischen Firmen nur relativ geringe Strafen zahlen, erhielten aber im Gegenzug reichlich Subventionen für die Entwicklung von Elektroautos, die beim Fahren keine Abgase freisetzen.

FÜR die Reaktion mit Sauerstoff (Oxidation) benötigt der Stickstoff eine hohe Aktivierungsenergie, für die mit Wasserstoff (Reduktion) ebenso. Am Anfang des 20sten Jahrhunderts erarbeitete Fritz Haber (1868-1934) die theoretischen und experimentellen

Grundlagen dafür, die Carl Bosch (1874-1940) technisch umsetzte, sodass die Haber-Bosch-Ammoniak-Synthese heute nach der Schwefelsäureproduktion die weltweit zweitgrößte Chemieproduktion ist.

$$2\,N_2 + 3\,H_2 \xrightarrow{\text{ca. 500 °C, ca. 500 bar, Eisen-Katalysator}} 2\,NH_3$$

Für die Zukunft ist es wichtig, dass hierfür grüner und kein grauer Wasserstoff verwendet wird, sodass im Vorfeld keine CO_2-Emissionen entstehen (vgl. Kap. 2.2.2.3).

Ammoniak kann an einem Platin-Katalysator gezielt zu Stickstoffmonoxid verbrannt und dieses dann weiter zu Salpetersäure umgesetzt werden. Die Bruttoreaktionsgleichung des nach seinem Entwickler benannten *Ostwald-Verfahrens* lautet:

$$NH_3 + 2\,O_2 \rightarrow HNO_3 + H_2O$$

Die Salze der Salpetersäure (NH_4NO_3, $NaNO_3$, KNO_3) sind (neben den Phosphaten, s. Kap. 2.2.6) die wichtigsten *Kunstdünger* und zur Sicherstellung der Welternährung unverzichtbar. Eine Überdüngung der Felder birgt hingegen die Gefahr einer Vergiftung der Nutzpflanzen, des Bodens und des Grundwassers in sich – ganz im Sinne des Paracelsus, dass die Menge darüber entscheidet, ob ein Stoff positiv oder negativ wirkt (Kap. 2.1.2).

Die Salpetersäure und die Nitrate haben noch ein anderes großindustrielles Standbein, und zwar die Herstellung von *Sprengstoffen* für das Bauwesen sowie das Militär. Ammoniumnitrat selbst ist bereits ein Sprengstoff, der sich beim Erwärmen oder bei Schlageinwirkung zu Distickstoffmonoxid (*Lachgas*) und Wasser zersetzt:

$$NH_4NO_3 \xrightarrow{\text{Erhitzen}} N_2O + 2\,H_2O$$

Kalium- bzw. Natriumnitrat sind brandfördernde Stoffe, die beim Erhitzen (Zünden) Sauerstoff freisetzen, der dann ein anderes anwesendes Material, z.B. ein Kohlenhydrat, entzündet:

$$KNO_3 \xrightarrow{\text{Erhitzen}} KNO_2 + „O“ \rightarrow \text{Folgereaktion}$$

Mit Salpetersäure kann man Toluol, $C_6H_5CH_3$, zu Trinitrotoluol (*TNT*), Glycerin zu *Nitroglycerin* und Cellulose zu Cellulosetrinitrat (*Schießbaumwolle*) derivatisieren (Abb. 19) und erhält auf diese Weise hochwirksame Sprengstoffe, in denen der brandfördernde NO_x-Teil bereits über eine kovalente Bindung mit einem brennbaren Kohlenwasserstoff- bzw. Zucker-Teil verknüpft ist.

Allen Sprengstoffen ist gemeinsam, dass chemische Energie in *Volumenarbeit* umgewandelt wird (vgl. Kap. 2.1.3). Schlagartig entstehen gasförmige Produkte, die etwas anderes „wegblasen", einen Felsen, eine Kugel, eine Rakete, einen Menschen …

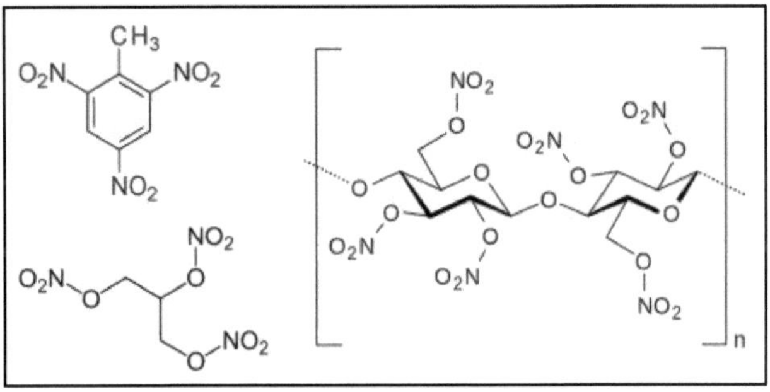

Abbildung 19: Die Sprengstoffe Trinitrotoluol (TNT; links oben), Nitroglycerin (links unten; in Kombination mit Kieselgur als Dynamit bekannt) und Nitrocellulose (Schießbaumwolle).

IM Kapitel 2.2.4.3 in der Abbildung 16 haben wir exemplarisch gelernt, wie eine *Aminosäure* entsteht. Diese hat die allgemeine Formel $NH_2CH(R)CO_2H$, wobei R der Platzhalter für die 20 verschiedenen Reste der lebenswichtigen Verbindungen ist. Für die Aminosäuresynthese wird als ein Ausgangsprodukt Ammoniak benötigt. Pflanzen erhalten diesen auf dreierlei Wegen.

1. *Aus Gülle.* Tiere scheiden als Abbauprodukt ihres Stoffwechsels Harnstoff aus, welcher durch Hydrolyse, insbesondere in Gegenwart des Enzyms Urease (englisch: Urea = Harnstoff) Ammoniak freisetzt (vgl. AdBlue®):

$$(NH_2)_2CO + 2\,H_2O \rightarrow 2\,NH_3 + CO_2$$

2. *Mit Hilfe von Denitrifikanten.* Das sind Bakterien, die enzymatisch Nitrat mit biochemisch gespeichertem Wasserstoff reduzieren – womit die Funktion von Nitrat als Pflanzennährstoff (Dünger) verständlich wird:

$$NO_3^- + 4\,NADH/H^+ + H^+ \rightarrow NH_3 + 3\,H_2O + 4\,NAD^+$$

3. *Mit Hilfe von Knöllchenbakterien.* Diese leben an den Wurzeln von Leguminosen (Erbsen, Acker- und Sojabohnen, Lupinien, Klee) mit diesen Pflanzen in einer Symbiose und können den Stickstoff aus der Luft an ihrem eisen- und molybdänhaltigem Enzym reduzieren. Die Hülsenfrüchtler werden gerne als Zwischenfrüchte in der *Mehrfelderwirtschaft* angebaut, weil sie den Boden mit Stickstoff aus der Luft versorgen, sodass eine Kunstdüngung überflüssig wird. Im *biologischen Landbau* ist dies die Methode der Wahl.

$$N_2 + 3\,NADH/H^+ \rightarrow 2\,NH_3 + 3\,NAD^+$$

MEINE Damen und Herren, wir haben gelernt, dass Stickstoff ein ausgesprochen ambivalentes Element ist. Er ist in Form der Aminosäuren ein Baustein des Lebens und in Form der Sprengstoffe ein Element des Todes. Deshalb dürfen wir es nicht versäumen, am Ende dieses Kapitels auf die genauso ambivalente Persönlichkeit des Mannes einzugehen, der die Stickstoffchemie am meisten geprägt hat und der einerseits ein Genie, andererseits ein A….loch war. Hören wir uns deshalb bitte die Haber-Geschichte an (Lesetext 8).

Ammoniak – Segen oder Fluch für die Menschheit?

Ammoniak ist das Basisprodukt der Düngemittelindustrie. Ohne Pflanzendüngung ist eine Ernährung der Menschheit unmöglich. Deshalb die klare Aussage: Die technische Ammoniak-Synthese ist ein Segen für die Menschheit. In diesem Sinne gilt Fritz Haber für seine wissenschaftlichen und technischen Entwicklungsarbeiten größter Dank, und der ihm verliehene Chemie-Nobelpreis hat seine volle Berechtigung.
Allerdings ermöglicht Ammoniak über seine Folgeprodukte (Salpetersäure, Nitrate) auch die Bereitstellung von Kampfstoffen. Dass Haber speziell diese Entwicklung mit größtem Elan vorangetrieben hat, widerspricht dem Ehrenkodex der Chemiker und zeigt besonders eindringlich, dass naturwissenschaftliche Erkenntnisse leicht zu einem Fluch für die Menschheit werden können. Der erste Weltkrieg wäre viel früher zu Ende gegangen, wenn Haber seine wissenschaftlichen Fähigkeiten nicht mit einem wahrhaft wahnsinnigen Patriotismus zum erhofften Sieg seines deutschen Vaterlandes eingesetzt und die großtechnische Produktion von Ammoniak und seiner Folgeprodukte ermöglicht hätte. Eine Seeblockade der Alliierten

hatte nämlich den Nachschub des Chilesalpeters, der bis dahin für die Herstellung von Sprengstoffen unverzichtbar war, nach Deutschland unterbunden, und den deutschen Soldaten wäre in kurzer Zeit das Schießpulver ausgegangen. Doch der neue Zugang zu Salpetersäure und Nitraten über Ammoniak erlaubte die weitere Versorgung des deutschen Militärs mit Kampfstoffen.

Mehr noch, Haber, Experte im Umgang mit gefährlichen Gasen, forcierte auch den Einsatz von Chlor als Kampfgas. Des Weiteren war er der Wegbereiter für die Herstellung von Cyanwasserstoff, mit dem später hunderttausende Juden in Konzentrationslagern vergast wurden. Letzteres hatte Haber gewiss nicht beabsichtig, denn – eine Ironie des Schicksals – mit der Machtergreifung der Nationalsozialisten musste Haber emigrieren, weil er selbst Jude war.

Lesetext 8: Fritz Haber – Genie und Kriegstreiber ([35], S. 101).

Den kriegstreiberischen Wahn konnte Habers Ehefrau, Clara Immerwahr, erste promovierte deutsche Chemikerin, nicht aushalten. Am Tag des ersten von Haber initiierten Giftgasangriffs auf französische Stellungen erschoss sie sich – mit der Dienstwaffe ihres Mannes.

In der großen Ammoniak-Fabrik im mitteldeutschen Leuna, feierte man Haber hingegen als Helden. Auf dem ersten mit Ammoniak befüllten Kesselwagen stand geschrieben: „Franzosentod“ ([13], S. 186). In Anbetracht dieses Wahnsinns kann man schon mal denken, dass es dem Planeten Erden vielleicht besserginge, wenn es die Menschheit gar nicht gäbe. Dazu ein Witz (Lesetext 9).

Kennen Sie den …?

Alle Millionen Jahre kommen sich Venus, Erde und Mars auf ihren Runden um die Sonne nahe und unterhalten sich, wie es ihnen geht. „Bei mir ist es so heiß“, klagt Venus. „Ich schwitze mich kaputt.“ „Bei mir ist es scheißekalt“, antwortet Mars. „Ich friere mir den Arsch ab.“ Die Erde druckst und sagt schließlich mit weinerliche Stimme: „Mir geht es ganz schlecht. Ich glaube, dass ich sterben muss.“ „Was ist denn los?“, fragen Venus und Mars ganz besorgt. „Ich habe mir eine schlimme Krankheit zugezogen“, fährt die Erde fort, „ich habe homo sapiens.“ „Ach so“, beruhigen sie ihre beiden Freunde, „das ist doch nicht schlimm; habe nur etwas Geduld; diese Krankheit ist spätestens am Ende dieses Jahrhunderts vorbei.“

Lesetext 9: Ein Witz (von einem mir unbekannten Erzähler).

2.2.6 Phosphor

DER Name Phosphor kommt aus dem Griechischen und heißt übersetzt „Lichtbringer" oder „Lichtträger". Im Römischen ist das Lucifer, aus dem im christlichen Kontext der Teufel bzw. Satan wurde, der gestürzte Engel [18].

Licht, Teufel – wir haben es offensichtlich wieder mit einem ambivalenten Element zu tun, einerseits lebenswichtig, andererseits lebensvernichtend. So ist es: Phosphat ist unverzichtbar für unsere Knochen, als Dünger, in der DNA und im ATP; dann ist da aber auch der tödliche Phosphor im Insektizid und Selbstmordgift E 605, im Unkrautvertilgungsmittel Glyphosat, in Brandbomben und im Giftgas Sarin.

Mineralisch kommt Phosphor im *Apatit* mit dem Hauptbestandteil Calciumphosphat, $Ca_3(PO_4)_2$, vor. Daraus wird durch carbothermische Reduktion bei über 1000 °C und unter Freisetzung von Treibhausgas elementarer Phosphor gewonnen, und zwar in seiner weißen Modifikation P_4, in der vier Phosphoratome einen Tetraeder bilden und durch Einfachbindungen miteinander verknüpft sind.

$$2\ Ca_3(PO_4)_2 + 10\ C \rightarrow P_4 + 6\ CaO + 10\ CO$$

Weißer Phosphor muss unter Wasser aufbewahrt werden, denn an der Luft unterliegt er einer spontanen Verbrennung mit einem faszinierenden Leuchten – daher der Name „Lichtbringer".

$$P_4 + 5\ O_2 \rightarrow P_4O_{10}$$

Phosphor wurde im Zweiten Weltkrieg für *Brandbomben* verwendet. Viele von ihnen liegen noch auf dem Grund der Ostsee – eine tickende Zeitbombe, wenn die Hülsen korrodiert sind und der Phosphor ans Land gespült wird.

Apatit dient weiterhin als Ausgangsmaterial für die Herstellung von *Phosphorsäure*, einer dreiwertigen Säure,

$$Ca_3(PO_4)_2 + 3\ H_2SO_4 \rightarrow 2\ H_3PO_4 + 3\ CaSO_4$$

und für Calciumdihydrogenphosphat, dem Salz der Phosphorsäure in ihrer ersten Dissoziationsstufe:

$$Ca_3(PO_4)_2 + 4\ H_3PO_4 \rightarrow 3\ Ca(H_2PO_4)_2$$

Dieser Stoff ist ein idealer *Dünger*. Anders als Apatit ist er nicht ganz unlöslich, sondern gerade löslich genug, damit eine Pflanze ihn über ihre Wurzeln aufnehmen kann, aber gleichzeitig doch noch zu schlecht löslich, um bei heftigem Regen sofort in großer Menge aus dem Boden gewaschen zu werden.

Alle Lebewesen brauchen Phosphat als Baustein ihrer Erbsubstanz, der *DNA* (desoxyribonucleic acid). In der doppelt helikalen Desoxyribonukleinsäure (auf Deutsch; DNS) sind die Synthesevorschriften für alle lebenswichtigen Moleküle in der Reihenfolge der vier Stickstoffbasen Adenin, Thymin, Guanin und Cytosin codiert, die sich über Wasserstoffbrückenbindungen zu AT bzw. GC paaren können. Diese funktionellen Gruppen sind auf einem wasserlöslichen Phosphorsäurepolyester fixiert, dessen Säurekomponente die Phosphorsäure und deren Alkoholkomponente ein C_5-Zucker (vgl. Abb. 10) ist (Abb. 20).

Weiterhin essenziell ist Phosphat für alle Lebewesen in ihrem Energieverwaltungssystem, bestehend aus *Adenosintriphosphat (ATP) und Adenosindiphosphat (ADP)*. Im Kapitel 2.2.2.3 haben wir ausführlich diskutiert, wie das Sonnenlicht in der Lichtphase der Fotosynthese genutzt wird, um Wasser zu zerlegen, dabei energiereichen Sauerstoff und Wasserstoff zu erzeugen und letzteren als $NADH/H^+$ zu speichern. Bisher nicht besprochen haben wir, dass das Sonnenlicht auch dazu dient, um energiearmes Adenosindiphosphat mit Phosphorsäure unter Wasserabspaltung zu energiereichem Adenosintriphosphat zu kondensieren (Abb. 21). Dieses kann später andere Verbindungen phosphorylieren und auf diese Weise für Folgereaktionen aktivieren. ATP ist also der *Assistent der Sonne*, der deren Energie woandershin überträgt.

ATP erzeugen wir Menschen und andere Tiere z.B. auch, wenn wir in der Atmungskette biochemisch gespeicherten Wasserstoff zu Wasser oxidieren. Wir sind nämlich keine Verbrennungskraftwerke, die Wärme erzeugen, sondern wir nutzen die Energie primär zur Produktion von ATP aus ADP und Phosphat.

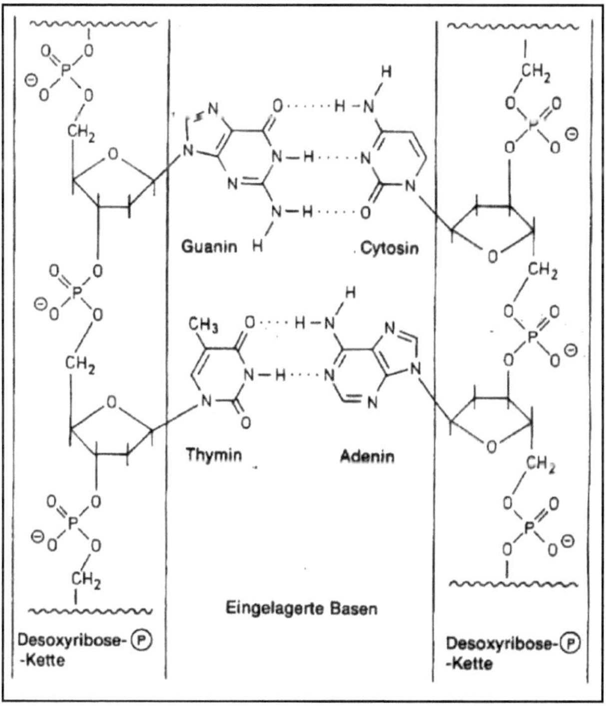

Abbildung 20: Die DNA – Erbinformation auf einem Phosphorsäurepolyester als Trägermaterial.

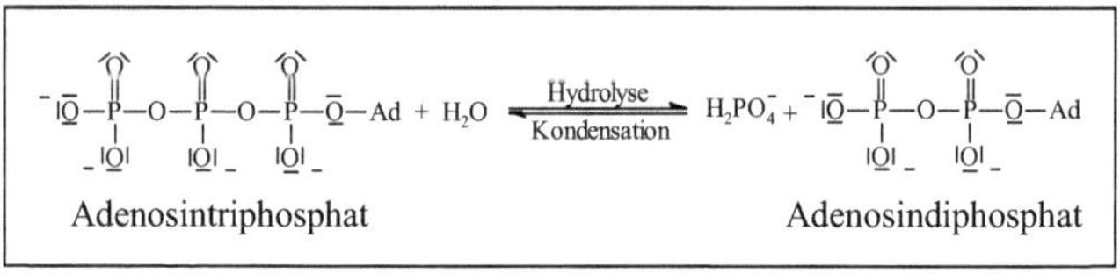

$$\text{ATP}^{4-} + H_2O \underset{\text{Kondensation}}{\overset{\text{Hydrolyse}}{\rightleftharpoons}} H_2PO_4^- + \text{ADP}^{3-}$$

Adenosintriphosphat — Adenosindiphosphat

Abbildung 21: ATP – der Assistent der Sonne.

Auch an dieser Stelle der Gedanke: *Was die Natur uns vormacht, müssen wir zur Energieversorgung der Menschheit nachahmen – Sonnenlicht in energiereiche chemische Verbindungen überführen, diese speichern und später nutzen.*

Reines *Triphosphat* (ohne ankondensiertes Adenosin) (Abb. 22) hat eine Zeit lang als *Waschmitteladditiv* fungiert. Es kann nämlich einen stabilen, wasserlöslichen Komplex mit Calciumionen bilden und so verhindern, dass diese als schwerlösliches Calciumcarbonat, $CaCO_3$, („Kalkhärte") in der Waschflotte ausfallen und sich auf der Wäsche und/oder den Heizstäben der Waschmaschine festsetzen. Das funktionierte prima; man hatte allerdings nicht bedacht, dass das Abwasser in natürliche Gewässer gelangt und dort als Phosphatdünger das Algenwachstum anregt. Die Algen verzehren dann den im Wasser gelösten Sauerstoff, der folglich den Fischen zum Atmen fehlt, sodass sie ersticken. Das ganze Gewässer „kippt um", wie man sagt, und ist biologisch tot. Der Fachausdruck für dieses Phänomen lautet *Eutrophierung*. Wieder einmal konnten die Menschen die Folgen ihrer Erfindung nicht voraussagen. Als der Schaden da war, blieb nichts anderes übrig, als den Einsatz von Phosphaten in Waschmitteln zu verbieten, sodass sich die Gewässer im Laufe der Jahre regenerieren konnten. (Vgl. die Geschichte vom Ozonloch im Kapitel 2.2.2.3.) Heute verhindert man die Kalkstein-Fällung in der Waschmaschine, indem man die Calciumionen in einem unlöslichen Alumosilicat (vgl. Kap. 2.2.9.3) festhält.

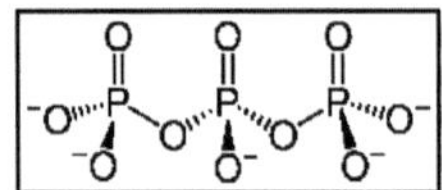

Abbildung 22: Triphosphat – ein guter Komplexbildner für Calciumionen in der Waschmaschine, aber ein unerwünschter Dünger in der Natur.

DA Phosphat lebenswichtig ist, sollte es uns alarmieren, dass die Apatit-Lagerstätten auf der Welt weitgehend ausgebeutet sind (Peak Phosphor), sodass schleunigst ein Phosphat-Recycling etabliert werden muss. In diesem Zusammenhang ist es interessant, dass der Alchemist Hennig Brand (1630-1719) auf seiner Suche nach dem Stein des Weisen den Phosphor beim Eindampfen von menschlichem Urin entdeckte. Heute weiß man, dass eine Person im Durchschnitt 2,2 Gramm Phosphor pro Tag ausscheidet ([18], S. 100). Deshalb gibt es mittlerweile Pilotprojekte zur Rückgewinnung von Phosphat aus menschlichen Fäkalien ([18], S. 226-231). Dass dies die nachhaltige Phosphat-Chemie der Zukunft in einer ökologischen Landwirtschaft sein soll, hat der Künstler Friedensreich Hundertwasser schon 1989 postuliert (Lesetext 10).

Scheißkultur – die heilige Scheiße

„Ich möchte über die Hauptursache des Zerfalls unserer Zivilisation sprechen. Wir essen nicht das, was bei uns wächst; wir holen Essen von weit her, aus Afrika, Amerika, China und Neuseeland. Unsere Scheiße behalten wir nicht. Sie wird weit weggeschwemmt. Wir vergiften damit Flüsse, Seen und Meere. Die Scheiße kommt nie auf unsere Felder zurück, auch nie dorthin, wo das Essen herkommt. Der Kreislauf vom Essen zur Scheiße funktioniert; der Kreislauf von der Scheiße zum Essen ist hingegen unterbrochen.

Wir machen uns einen falschen Begriff über unseren Abfall. Jedesmal wenn wir die Wasserspülung betätigen, im Glauben, eine hygienische Handlung zu vollziehen, ist das eine frevelhafte Geste des Todes. Wenn wir auf die Toilette gehen und unsere Scheiße wegspülen, ziehen wir einen Schlussstrich. Was mit unserer Scheiße nachher geschieht, verdrängen wir, wie den Tod. Das Klosettloch erscheint uns wie das Tor in den Tod, nur rasch weg davon, nur schnell vergessen die Fäulnis und Verwesung. Dabei ist es gerade umgekehrt. Mit der Scheiße beginnt erst das Leben. Die Scheiße ist viel wichtiger als das Essen. Das Essen erhält nur eine Menschheit, die sich massenweise vermehrt, an Qualität sich vermindert und eine Todesgefahr für die Erde geworden ist, eine Todesgefahr für die Vegetation, die Tierwelt, das Wasser, die Luft, die Humusschicht. Scheiße aber ist der Baustein unserer Wiederauferstehung. Die Scheiße ist unsere Seele. Durch sie können wir überleben; durch sie werden wir unsterblich. Warum haben wir Angst vor dem Tod? Wer eine Humustoilette benutzt, hat keine Angst vor dem Tod, denn unsere Scheiße macht unsere Wiedergeburt möglich. Wenn wir unsere Scheiße nicht schätzen und in Humus umwandeln, verlieren wir unsere Berechtigung, auf der Erde anwesend sein zu dürfen.

Wir haben Tischgebete vor und nach dem Essen. Beim Scheißen betet niemand. Wir danken für unser tägliches Brot, das aus der Erde kommt, wir beten aber nicht, auf dass sich unsere Scheiße wieder in Humus umwandle.

Homo - Humus - Humanitas, drei Schicksalswörter gleichen Ursprungs. Humus ist das wahre schwarze Gold. Humus hat einen guten Geruch. Humusduft ist heiliger als der Geruch von Weihrauch. Natürlich ist es etwas Ungeheuerliches, wenn der Abfallkübel in den Mittelpunkt unserer Wohnung kommt und die Humustoilette zum Ehrensitz wird. Das ist jedoch genau die Kehrtwendung, die unsere Gesellschaft jetzt nehmen muss, wenn sie überleben will. Der Humusgeruch ist der Geruch der Wiederauferstehung und der Unsterblichkeit.“

Lesetext 10: Ein leidenschaftlicher Apell des Künstlers Friedensreich Hundertwasser für eine ökologische Landwirtschaft. Hier seine gekürzte Rede von 1989 [36], bei der einem das Lachen im Halse stecken bleibt.

Der Gedanke, Exkremente als Dünger zu nutzen, ist nicht neu. Schon die Inkas benutzten *Guano* als Dünger. Dieser entsteht durch die Einwirkung der Exkremente von Seevögel, insbesondere Pinguinen und Kormoranen, auf Kalkstein. Und indigene Völker in Amazonien hatten ihre Fäkalien zusammen mit vegetabilen Abfällen und mit Holzkohle zu einem äußert fruchtbaren schwarzen Boden (*Terra Preta*) kompostiert. Davon können wir lernen.

Schließlich gibt es noch eine weitere, allerdings pietätlose Möglichkeit des Phosphat-Recylings: aus menschlichen Knochen; die bestehen nämlich hauptsächlich aus Calciumphosphat. Es wurde zumindest schon einmal praktiziert, und zwar im Jahre 1822, als in England kein Guano-Phosphat aus Südamerika mehr verfügbar war. Da erinnerten sich die Engländer daran, dass sie sieben Jahre zuvor Napoleon bei Waterloo vernichtend geschlagen hatten, zogen erneut auf das Schlachtfeld, sammelten dort 33.000 Tonnen tierische und menschliche Knochen ein, brachten sie nach England – und der Phosphatmangel war keiner mehr ([18], S. 103-106).

2.2.7 Pflanzenschutzmittel

WIR machen gleich mit der Phosphorchemie weiter, wollen uns aber zunächst das „Zukunftsmärchen“ von Rachel Carson anhören (Lesetext 11), mit dem die US-amerikanische Biologin ihr 1962 erschienenes Buch »Der stumme Frühling« [37] eingeleitet hat und mit dem sie zur Begründerin der weltweiten Umweltschutz- und Ökologiebewegung wurde. Das Buch hat einen Kultstatus erreicht und muss von Ihnen, sehr geehrte Damen und Herren, gelesen werden.

Ein Zukunftsmärchen

Es war einmal eine Stadt im Herzen Amerikas, in der alle Geschöpfe in Harmonie mit ihrer Umwelt zu leben schienen. Die Stadt lag inmitten blühender Farmen mit Kornfeldern und Obstgärten, wo im Frühling Wolken weißer Blüten über die grünen Felder trieben. Im Herbst entfaltete Eiche, Ahorn und Birke eine glühende Farbenpracht, die vor dem Hintergrund aus Nadelbäumen wie flackerndes Feuer leuchtete. Damals kläfften Füchse im Hügelland, und Rotwild zog über die Äcker. Den Großteil des Jahres entzückten Schneeballsträucher, Lorbeerrosen und Erlen, hohe Farne und wilde Blumen das Auge des Reisenden. Selbst im Winter waren die Plätze am Wegesrand von eigenartiger Schönheit. Zahllose Vögel kamen dorthin, um sich Beeren zu holen und Futter zu picken. Die Gegend war geradezu berühmt wegen ihrer an Zahl und Arten so reichen Vogelwelt, und wenn im Frühling und Herbst Schwärme von Zugvögeln auf der Durchreise einfielen, kamen die Leute von weit her, um sie zu beobachten.

Dann tauchte überall in der Gegend eine seltsam schleichende Seuche auf, und unter ihrem Pesthauch begann sich alles zu wandeln. Irgendein böser Zauberbann war über die Siedlung verhängt worden. Rätselhafte Krankheiten rafften die Kükenscharen dahin; Rinder und Schafe verendeten. Über allem Lag der Schatten des Todes. Die Farmer erzählten von vielen Krankheitsfällen in ihren Familien. Einige Menschen waren plötzlich und unerklärlicherweise gestorben. Es herrschte eine ungewöhnliche Stille. Wohin waren die Vögel verschwunden? Die wenigen Vögel, die sich noch irgendwo blicken ließen, waren dem Tode nah; sie zitterten heftig und konnten nicht mehr fliegen. Es war ein Frühling ohne Stimmen. Schweigen lag über Feldern, Sumpf und Wald. Auf den Farmen brüteten die Hennen, aber keine Küken schlüpften aus. Die Apfelbäume entfalteten ihre Blüten, aber keine Bienen summten zwischen ihnen umher, und da sie nicht bestäubt wurden, konnten sich keine Früchte entwickeln. Die einst so anziehenden Landstraßen waren nun von braun und welk gewordenen Pflanzen eingesäumt, als wäre ein Feuer über sie hinweggegangen. Auch hier war alles totenstill, von Lebewesen verlassen.

In den Rinnsteinen und unter den Schindeln der Dächer zeigten sich ein paar Fleckchen eines weißen Pulvers; es war vor einigen Wochen wie Schnee auf die Dächer und Rasen, auf die Felder und Flüsse gerieselt. Kein böser Zauber, kein feindlicher Überfall hatte in dieser verwüsteten Welt die Wiedergeburt neuen Lebens im Keim erstickt. Das hatten die Menschen selbst getan.

Diese Stadt gibt es in Wirklichkeit nicht. Doch jedes einzelne dieser unheilvollen Geschehnisse hat sich tatsächlich irgendwo zugetragen. Fast unbemerkt ist ein Schreckgespenst unter uns aufgetaucht, und diese

Tragödie, vorerst nur ein Phantasiegebilde, könnte leicht rauhe Wirklichkeit werden, die wir alle erleben. Was geht hier vor, was hat bereits in zahllosen Städten die Stimmen des Frühlings zum Schweigen gebracht? Dieses Buch will versuchen, es zu erklären.

Lesetext 11: Das erste Kapitel (gekürzt) von »Der stumme Frühling«, das Rachel Carson als Zukunftsmärchen mit tragischem Ausgang geschrieben hat [37].

„Das hatten die Menschen selbst getan." – Es geht um das erste, nach dem Zweiten Weltkrieg und bis in die 1960er Jahre in großen Mengen eingesetzte Insektizid Dichlordiphenyltrichlorethan, kurz *DDT* (Abb. 23). Damit wurde zwar die Anopheles-Mücke *fast* ausgerottet, die einen Parasiten überträgt, der die Malaria-Krankheit verursacht, sodass Millionen Menschen das Leben gerettet wurde. So weit war DDT gewiss eine große Erfolgsgeschichte. Doch die Mücke wurde nicht komplett dezimiert, denn einige Tiere waren gegen das Gift *resistent*. Ihr Resistenzgen vererbten sie an ihren Nachkommen, sodass es nach einiger Zeit nur noch Mücken gab, denen DDT nichts anhaben konnte. In der Zwischenzeit hatte sich der halogenierte Kohlenwasserstoff aber schon über die Nahrungskette weltweit verteilt und war zu einem schleichenden globalen Umweltgift geworden. Rachel Carson, die in ihrem Buch fachwissenschaftlich korrekt und sprachlich poetisch auf das Problem hinwies, wurde anfangs von der chemischen Industrie stark angefeindet, hatte aber in Präsident John. F. Kennedy einen Unterstützer, sodass der Einsatz von DDT schließlich bis auf wenige Anwendungsfelder verboten wurde.

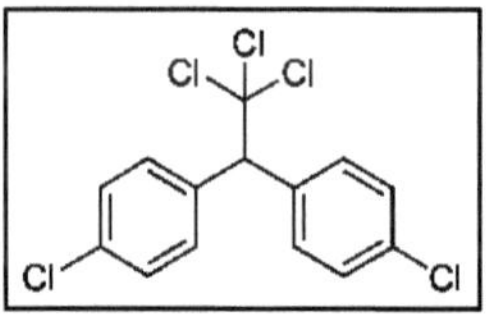

Abbildung 23: Aus dem „Zukunftsmärchen" von R. Carson – Dichlordiphenyltrichlorethan (DDT), das wohl bekannteste Insektizid.

Gewiss, Pflanzen brauchen Schutz, gegen Krankheiten und Schädlinge, doch der Preis, den die Natur und die Menschen, welche die Pflanzen konsumieren, zahlen, ist hoch, sehr hoch, manchmal zu hoch. R. Carsons großer Verdienst ist es, Wissenschaft und Gesellschaft für die Problematik sensibilisiert zu haben, dass der Pflanzenschutz nicht alleine betrachtet werden kann, sondern immer ein gravierender Eingriff in ein Ökosystem ist. Alles hängt eben mit allem zusammen (vgl. Kap. 2.1.1).

Nach den halogenorganischen Pflanzenschutzmitteln waren es die *(Thio)Phosphorsäureester*, die in der Landwirtschaft eine große Bedeutung bekamen. Ihr bekanntester Vertreter ist das in der Abbildung 24 gezeigt Parathion®, dessen Nummer E 605 aus dem Laborjournal der Herstellerfirma Bayer zum Synonym wurde.

In der (Thio)Phosphorsäure können die drei Säuregruppen mit gleichen oder verschiedenen Alkoholen unter Wasserabspaltung verestert werden, so dass ein breites Spektrum von Verbindungen unterschiedlicher Giftigkeit, maßgeschneidert für die jeweilige Anwendungen, zugänglich ist. Anders als halogenorganische Verbindungen sind die Phosphorsäureester nicht so langlebig, weil sie unter Wassereinwirkung allmählich hydrolysieren und sich deshalb kaum über die Nahrungskette verteilen. Besser als ihre Vorgänger sind sie also schon, aber immer noch nicht gut, weil sie akut toxischer sind. E 605 hat als „beliebtes“ Selbstmordgift traurige Berühmtheit erlangt.

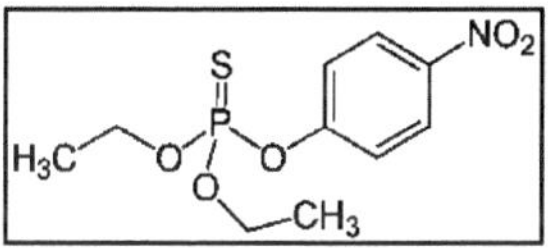

Abbildung 24: Das Pflanzenschutzmittel Parathion© (E 605) – ein Thiophosphorsäureester.

Unter den Unkrautvernichtungsmitteln hat das phosphorhaltige *Glyphosat* (Abb. 25) einen schlechten Ruf. Es blockiert die Biosynthese einiger lebenswichtiger Aminosäuren, sodass jede damit behandelte Pflanze stirbt. Der Markenname Roundup® ist geradezu Programm: Alles weg! Pflanzen können eine Glyphosat-Besprühung nur überleben, wenn sie gentechnisch verändert sind, d.h. wenn ihre Samen ein für die Aminosäuresynthese verändertes Gen eingesetzt bekommen haben, das durch Glyphosat *nicht* blockiert wird. Wenn jetzt ein derartig genetisch veränderter Mais neben einem Unkraut wächst, muss der Bauer das Feld nur mit

Glyphosat besprühen; nach wenigen Tagen ist das Unkraut tot, während der Mais unbeschadet gedeiht. Das ist rein anwendungstechnisch betrachtet eine Vereinfachung des Ackerbaus, weil das mühsame Unkraut-Jäten entfällt. Doch es ist nicht auszuschließen, dass Glyphosat-Reste auf unseren Tellern landen; und eine gesundheitliche Unbedenklichkeit kann dem Mittel nicht bescheinigt werden, obwohl der Verdacht auf krebserzeugende Wirkung nicht endgültig bewiesen ist. Genmais und Gensoja sind aber meistens nicht für den Verzehr von uns Menschen gedacht, sondern dienen als Kraftfutter in der Massentierhaltung. Dabei fressen Rinder normalerweise gar kein Mais- oder Sojamehl, sondern Gras bzw. Heu!

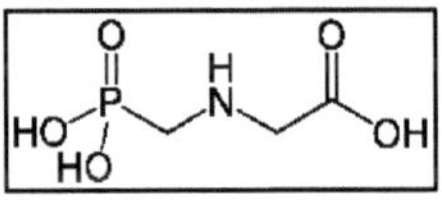

Abbildung 25: Roundup© – das Pflanzenschutzmittel Glyphosat – ein Derivat einer Phosphonsäure und der Aminosäure Glycin.

WER die phosphororganische Synthesechemie beherrscht, kann auch *chemische Kampfstoffe* wie das in der Abbildung 26 gezeigte *Sarin*© herstellen. Dieser beim Einatmen tödliche Stoff wurde bereits im Zweiten Weltkrieg entwickelt und danach mehrfach verwendet, u.a. im Syrien-Konflikt, obwohl der Einsatz chemischer Waffen international geächtet und verboten ist.

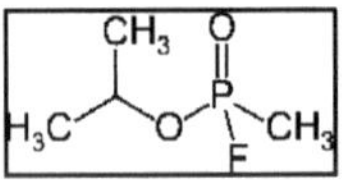

Abbildung 26: Sarin (Methylfluorphosphonsäureisopropylester) – ein chemischer Kampfstoff.

Eine Geschichte möchte ich hier erzählen, die mich persönlich schockiert hat. 1993 arbeitete ich im Rahmen eines Forschungssemesters an der Universität Tsukuba, nördlich von Tokio. Der dortige Professor hatte mir einen Laborplatz zugewiesen, der seit kurzem verwaist war; sein bester Doktorand, der dort gearbeitet hatte, war spurlos verschwunden. Ein Jahr später erfolgte ein Anschlag mit Sarin in der U-Bahn von Tokio. Attentäter war der verschwundene Doktorand, der durch einen religiösen Guru verblendet worden war und für diesen im Untergrund mit seinen exzellenten Synthesekenntnissen den Giftstoff hergestellt hatte. Im Nachhinein hatte ich das Gefühl, an einem Labortisch gearbeitet zu haben, an dem Blut klebt.

2.2.8 Wirkstoffe und Arzneimittel

2.2.8.1 Kaffee, Tee, Kakao und Tabak

DER Sage nach – oder ist es eine historische Tatsache? – beginnt die Geschichte des Kaffees im neunten Jahrhundert im Jemen. Bauern hatten eine merkwürdige Angeregtheit und Schlaflosigkeit ihrer Ziegen beobachtet, die offensichtlich auf die Früchte des später so genannten Kaffeebaums zurückzuführen war, von dem die Tiere genascht hatten. Ein Abt ging der Sache auf den Grund. Er isolierte die Kerne der Früchte, röstete sie, goss heißes Wasser auf und stellte so das ersten schwarze Gebräu her, das ein sehr angenehmes Aroma verbreitete, aber fürchterlich bitter schmeckte und … den Abt geistig frisch und munter werden ließ.

Das war der Beginn des globalen Siegeszuges des Kaffees als Wirtschaftsgut und … als Hirndopingmittel ([6], S. 19-25).

COFFEIN ist der wachmachende Wirkstoff im Kaffee und auch im Tee. Die Struktur des Moleküls sehen Sie, meine Damen und Herren, in der Abbildung 27 (links). Sein Grundkörper ist der des Purins, in dem ein Sechsring mit einem Fünfring verbunden ist, wobei sich in jedem Ring zwei Stickstoffatme befinden. Diese Leitstruktur weist auch das Adenin (Abb. 27, rechts) auf, das wir bereits aus dem ATP bzw. ADP (Abb. 21) sowie als eine der vier Stickstoffbasen der DNA (Abb. 20) kennen.

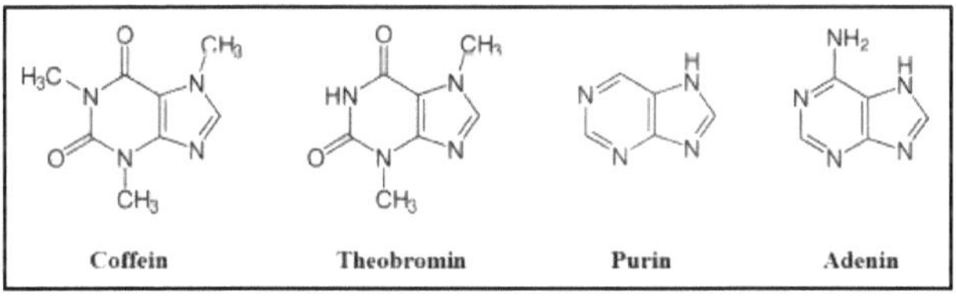

Coffein Theobromin Purin Adenin

Abbildung 27: Coffein (links) und Theobromin (rechts daneben) sind Derivate des Purins, von dem sich auch das Adenin (rechts) ableitet.

Die *Wirkung* von Coffein kann man – stark vereinfacht – folgendermaßen erklären. Aus dem energiereichen Adenosintriphosphat wird Energie freigesetzt, wenn eine der beiden P-O-P-Bindungen und/oder die P-O-C-Bindung hydrolytisch, d.h. mit Wasser, gelöst wird. Stufenweise wird aus Adenosintriphosphat (ATP) zunächst Adenosindiphosphat (ADP), daraus Adenosinmonophosphat (AMP) und abschließend Adenosin (= Adenin, verknüpft mit einem Fünfringzucker). Wenn die Hydrolyse komplett abgelaufen ist, ist die gesamte chemisch gespeicherte Energie verbraucht. Das phosphatfreie Adenosin fungiert nun als Botenstoff, setzt sich an einen Rezeptor im Gehirn und signalisiert: „Du hast keine Energie mehr, du bist jetzt müde, du musst dich ausruhen!" Doch jetzt kommt das Coffein ins Spiel, sofern man Kaffee oder Tee getrunken hat. Wegen seiner strukturchemischen Verwandtschaft mit dem Adenosin kann es sich ebenfalls an den Rezeptor binden, so dass der eigentliche Botenstoff Adenosin nicht mehr herankommt. Das Coffein sendet allerdings kein Müdigkeitssignal aus und betrügt den kaffee- oder teetrinkende Menschen: Dieser hart zwar keine Energie mehr, fühlt sich aber trotzdem noch fit, überfordert sich dann kräftemäßig, ohne dass er es merkt, was zum Kollaps führen kann. Müdigkeit ist an sich etwas sehr Gesundes; sie zu ignorieren kann tödlich sein.

Gewiss sind Kaffee und Tee Genussmittel und Kulturgüter, aber sie sind auch (milde) Dopingmittel. Vermutlich schaffen viele von Ihnen, sehr verehrte Studierende, das Lernpensum nur unter dem Einfluss des Purinderivats, und auch das vorliegende Buch wäre ohne ein gewisses Maß an Hirndoping mit Coffein nicht geschrieben worden. Wenn es beim mäßigen Aufputschen mit Coffein bleibt, ist es noch akzeptabel, bei härteren Drogen wie Kokain oder Ecstasy hört der „Spaß" allerdings auf.

Kaffee und Tee sind keine Lebensmittel, denn wir brauchen sie zum Leben nicht, anders als Kohlenhydrate, Fette, Proteinen, Vitamine und Mineralien. Trotzdem haben sie Weltgeschichte geschrieben; wir haben uns einfach an sie gewöhnt; vielleicht sind wir bereits süchtig nach ihnen. Hier ein paar Coffein-Geschichten (nach [6]).

- Der Kaffee breitete sich zunächst im arabischen Raum aus. Aufgrund der geistigen Frische, die das anregende Getränk verursachte, fühlten sich die Kaffee-Trinker den Nachfolgern der Griechen, Römer und Germanen überlegen, die wegen des Konsums von Wein bzw. Bier oft geistig „benebelt" waren. Im Islam ist Alkohol wegen seiner berauschenden Wirkung verboten.

- Nach Europa kam Kaffee als Folge der Belagerung Wiens durch die Türken. Als diese im Jahr 1683 in die Flucht geschlagen wurden, ließen sie große Mengen eines braunen, angenehm riechenden Pulvers zurück. Franz Georg Kolschitzky, ein aus Polen stammender Wiener, kannte die Kaffeezubereitung aufgrund seiner Spionagetätigkeit gegen die Türken und wollte nun mit dem zurückgelassenen Kaffee ein Geschäft machen, indem er das erste Kaffeehaus in Wien gründete. Doch die Wiener mochten das bittere Getränk nicht. So gab Kolschitzky etwas Honig und sahnige Milch hinzu … und fertig war die Wiener Melange, die weltberühmt wurde und zusammen mit Kipfeln und Krapfen der Wiener Kaffeehaus-Kultur zu enormer Popularität verhalf.
- Im 18. Jahrhundert zog der Kaffee in Paris ein, insbesondere in die Kreise der Intellektuellen, die die geistig wachmachende und wachhaltende Eigenschaft des Getränkes sehr schätzten. Es wurde sogar eine literarisch-philosophische Zeitschrift mit dem Titel „Il Caffé" gegründet. Der Historiker Jules Michelet (1798-1874) hielt den Übergang von der Kneipe zum Kaffeehaus, vom Ethanol zum Coffein, sogar für die wirkliche Französische Revolution (Lesetext 12).
- Auch in England half der Kaffee, den im 18. Jahrhundert überhandnehmenden Alkoholismus zu überwinden. Doch schon wenig später wurde das schwarze Getränk weitgehend durch den Tee ersetzt, weil dieser aus den neuen Kolonien in Ostasien leichter zu beziehen war.
- Und in der neuen, transatlantischen Welt? Am 16.12.1773 fand die Boston Tea Party statt. Amerikanische Patrioten protestierten – als Indianer verkleidet – gegen das imperiale Benehmen Englands gegenüber Amerika, indem sie den per Schiff angelieferten Tee, das Wahrzeichen des britischen Lebensstils, ins Hafenbecken schütteten. Das war der Auftakt einer Revolution, die zur Gründung der Vereinigten Staaten von Amerika am 4.7.1776 führte. Tatsächlich: Der Kaffee ist Revolution!
- Leider hat Coffein auch eine quasi Waffenfunktion. Hitler spendierte seinen Soldaten zur täglichen Essensration Schokakola, auch Soldatenschokolade genannt, die aus

Kakao (s.u.), Kaffee und dem Extrakt der sehr coffeinhaltigen Kolanuss hergestellt wurde und die Urform der heutigen Energy-Drinks war ([11], S. 316-317). Den Gedanken, Soldaten für den Kampf zu dopen, hatte auch schon Napoleon. Er versorgte sein Heer immer mit Kaffee. Und für Eisenhower gehörte zur Kriegsmaschinerie der Transport von Coca-Cola an die Front selbstverständlich dazu.

Der Kaffee ist Revolution

„Nunmehr ist die scheußliche Schenke entthront, da noch vor einem halben Jahrhundert die Jugend sich zwischen Fässern und Dirnen wälzte. Weniger Alkohollieder des Nachts, weniger Adelige im Rinnstein … Der Kaffee, das nüchterne Getränk, mächtige Nahrung des Gehirns, die, anders als die Spirituosen, die Reinheit und die Heiligkeit steigert; der Kaffee, der die Wolken der Einbildungskraft und ihre trübe Schwere vertreibt; der die Wirklichkeit der Dinge jäh wie dem Blitz der Wahrheit erleuchtet; der antierotische Kaffee, der endlich die Erregung des Geistes an die Stelle des erregten Geschlechts setzt!“

Lesetext 12: So sieht der französische Historiker Jules Michelet (1798-1874) den Kaffee ([6], S. 150).

KAKAO [11] enthält den Wirkstoff *Theobromin* (Abb. 27), das eine Methylgruppe weniger besitzt als Coffein und ähnlich, aber schwächer wirkt. Der Name kommt von *Theobroma*, der auch der Gattungsname des Kakaobaumes ist und übersetzt „Speise der Götter“ heißt. In der Tat ist Kakao in Kombination mit Zucker und Milchpulver in Form von Schokolade zum himmlischen Genussmittel, zur zartesten Versuchung geworden. In Maßen konsumiert, hat Kakao durchaus eine gesundheitsfördernde Wirkung, vor allen wegen des polyphenolischen Inhaltstoffes Epicatechin (Abb. 28), einer Verbindung, die ähnlich wie die Vitamine A und C (Abb. 17) antioxidierende Eigenschaften besitzt. Dem Kakao wird auch eine aphrodisierende (von Aphrodite, der griechischen Göttin der Liebe, die das sexuelle Verlangen anregt) Wirkung zugeschrieben ([11], S. 250-253). Nachgewiesen ist, dass Schokolade wegen ihres Zuckeranteils glücklich macht, denn bei Zuckeraufnahme wird der Wirkstoff Serotonin, das sogenannte *Glückshormon*, freigesetzt. Doch Zucker macht viel mehr dick als glücklich, und ihr Dicker-Werden macht die Leute wiederum unglücklich. Auf die

Gefahren von Adipositas und Karies wurde bereits im Kapitel 2.2.4.2 hingewiesen. Deshalb ist es richtig, dass Schokoladenwerbung zumindest für Kinder, eine besonders gefährdete Personengruppe, verboten werden soll. „Viel Milch, wenig Kakao – Kinderschokolade!“ Das Lied aus der Werbung sowie das Ü-Ei dürften wohl bald passé sein, genauso wie die „Milchschnitte für den kleinen Hunger zwischendurch.“ Süßigkeiten passen (leider) nicht zu einer nachhaltig gesunden Ernährung.

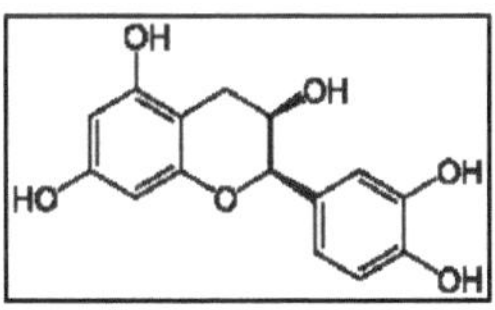

Abbildung 28: Epicatechin – ein im Kakao enthaltenes Polyphenol mit antioxidierender und vor Licht schützender Wirkung.

Noch ein paar Worte zum Anbau und zur Ökologie von Kakao. Der bis zu 10 Meter hoch werdende Baum wächst am besten in seiner natürlichen Umgebung, dem Urwald, im Schatten der großen Bäume, die ihn vor Wind und Sonne schützen. Hier gibt es auch genügend Insekten, die für seine Bestäubung sorgen. Monokulturen sind zwar einfacher zu bebauen und bringen kurzfristig einen höheren Ertrag; dafür müssen die Pflanzen aber regelmäßig gewässert werden. Außerdem ist der Einsatz von Düngern und Pestiziden erforderlich und der Boden einer stärkeren Erosion ausgesetzt. In modernen Agroforstsystemen wird der Urwald mit seiner Artenvielfalt modelliert. Hier werden mehrjährige Hölzer, wie z.B. Sträucher, Bäume und Palmen, zusammen mit einjährigen Kakao-Pflanzen auf einer Fläche angebaut.

Von einer durchschnittlich 69 Cent teuren Tafel Schokolade bleiben nur etwa 3 Cent beim Kakaobauer ([11], S. 65). Dessen Arbeit ist sehr mühsam, der Verdienst hingegen gering. In vielen kleinbäuerlichen Betrieben helfen Kinder mit. Der Übergang zur harten Kinderarbeit ist fließend. Hier setzen Aktivitäten von Rainforest Alliance oder Fair Trade an, um die Situation zu verbessern.

Zu den psychoaktiven, anregend wirkenden Stoffen gehört auch das *Nikotin* (Abb. 29), das im Tabak enthalten ist und mit dem Rauch inhaliert wird. Die Zeiten, in denen in Kneipen, Diskotheken, Restaurants und sogar Kinos geraucht wurde, meilenweit für eine Camel-Filter gegangen wurde und der Marlboro-Cowboy ein Synonym für Freiheit und Abenteuer war, sind glücklicherweise vorbei. Das Alkaloid ist einfach zu giftig und hat kanzerogene Eigenschaften.

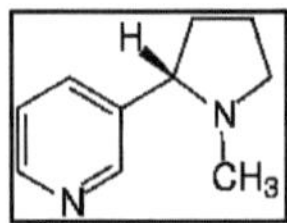

Abbildung 29: Nikotin – ein psychoaktives, anregend wirkendes, aber auch sehr giftiges Alkaloid.

2.2.8.2 Schmerzmittel

ÜBER die scherzlindernde und fiebersenkende Wirkung von Extrakten der Rinde verschiedener Weiden wurde schon in der Antike berichtet, der Wirkstoff Salicylsäure (Abb. 30, links) allerdings erst vor knapp 200 Jahren in Reinform isoliert und charakterisiert. Er ist heute in seiner acetylierten Form eins der meistverkauften Medikament. Wegen seiner großen industriellen Bedeutung isoliert man den Stoff heute aber nicht mehr aus Pflanzen, sondern stellt ihn vollsynthetisch über die Schiene Erdöl → Benzol → Phenol → Salicylsäure her, wie wir im Kapitel 2.2.1.2 (Abb. 8) bereits gehört haben. Dass Salicylsäure bei oraler Einnahme wegen ihrer sauren phenolischen Gruppe meistens zu Magenproblemen führte, wurde durch Überführung der Verbindung in ihren Essigsäureester überwunden. Felix Hoffmann von der Firma Bayer patentierte dieses Derivatisierungsverfahren 1998, wonach die *Acetylsalicylsäure* unter dem Markennamen *Aspirin*© zum vielleicht berühmtesten Medikament überhaupt wurde, für „etwas weniger Schmerz auf dieser Welt“, wie es in der Werbung berechtigterweise heißt.

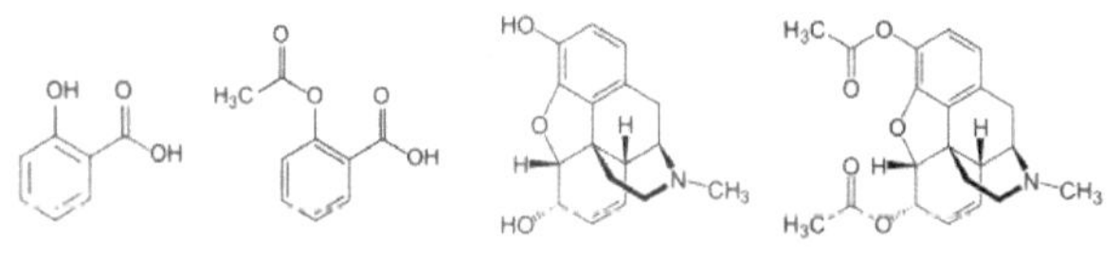

Salicylsäure | Acetylsalicylsäure Aspirin© | Morphin | Diacetylmorphin Heroin©

Abbildung 30: Die beiden bekanntesten schwachen und starken Schmerzmittel.

(ACETYL)SALICYLSÄURE ist die Leitverbindung der schwachen Schmerzmittel; ihr Pendant bei den starken Schmerzmitteln ist *Morphin* (Abb. 30), das aus dem Schlafmohn gewonnen wird. (Eine technische Totalsynthese ist zu kompliziert und deshalb nicht wirtschaftlich.) Das Alkaloid ist ein Segen für die Menschen, die sehr starke Schmerzen haben, und denen damit gerade in der Endphase ihres Lebens ihr Leiden erheblich erleichtert werden kann. Ähnlich wie bei der Salicylsäure ist der Firma Bayer auch im Falle des Morphins eine medizinisch-anwendungstechnische Optimierung durch die Veresterung der beiden OH-Gruppen mit Essigsäure gelungen. Das Diacetylmorphin kam unter dem Handelsname *Heroin*© auf den Medikamentenmarkt, geriet aber insbesondere seit den 1960er Jahren in falsche Kanäle, wird heute in großem Maße illegal produziert und treibt jährlich viele Menschen in die Drogenabhängigkeit und den Tod. Dahinter stehen die finanziellen und machtpolitischen Interessen mächtiger Drogenkartelle und der Taliban. Ein weiteres Beispiel dafür, wie es Menschen entscheiden, ob eine Chemikalie einen guten oder einen teuflischen Zweck erfüllt.

2.2.9 Metalle

Bronze- und Eisenzeit, Goldrausch und Alu-Dose, Bleiakku und Lithium-Batterie, Chip- und Solarsilizium – meine Damen und Herren, diese Schlagworte mögen reichen, um Ihnen die vielseitigen Eigenschaften und Anwendungen einiger Metalle anzukündigen. Natürlich gibt es wieder Lebenswichtiges und Tödliches, Wunderwerke der Technik und ökologische und menschliche Katastrophen – eben ambivalente Chemie. Das kennen Sie ja schon. Dieses Kapitel ist trotzdem ein besonderes, weil Eisen,

Aluminium, Silizium, Gold, Lithium, Neodym und Blei in der *Ich-Form* aus ihrem Leben erzählen. Es sind starke Typen, selbstbewusst, eitel, stolz, aber manchmal auch demütig; und sie lesen den Menschen im Sinne der Nachhaltigkeit auch schon mal kräftig die Leviten (vgl. [8, 14 und 17]). Lassen Sie sich überraschen!

2.2.9.1 Eisen

MEIN Name ist Ferrum, ihr dürft mich aber gerne mit meinem deutschen Namen nennen: Eisen. Wenn ihr allerdings etwas über mich schreibt, verwendet bitte nicht das Kürzel Ei, sondern Fe.

Ich bilde den Kern eures Planeten, und da ich magnetisch bin, hat die Erde ein Magnetfeld und es gibt so etwas wie Elektromagnetismus. Doch mit dem Erdkern werdet ihr wohl kaum in Berührung kommen. Aber auch auf der Erdoberfläche gibt es mich reichlich, nicht im elementaren Zustand, sondern in Form unlöslicher Verbindung mit Sauerstoff: FeO (ockerfarben), Fe_2O_3 (rostrot) und Fe_3O_4 (schwarz).

Irgendwann, vor etwa 3000 Jahren, habt ihr Menschen damit angefangen, mir in großen Öfen einzuheizen und mir mit Kohle meine Sauerstofffreunde zu klauen:

$$2\,Fe_2O_3 + 3\,C \rightarrow 4\,Fe + 3\,CO_2$$

Das war der Beginn der *Eisenzeit.* Ich bin euch in der Tat sehr nützlich. Aus der Schmelze heraus könnt ihr mich in eine Form gießen, abkühlen lassen und schmieden. So konntet ihr viele nützliche Werkzeuge aus mir herstellen. Z.B. Schwerter. Damit seid ihr in den Krieg gezogen. Wenn sich eure Eisenschwerter mit den altmodischen Bronzeschwertern eurer Feinde kreuzten, machte es klick, und die Bronzeschwerter waren kaputt. Heureka, der Sieg war da. Warum? Nun, ich bin eben härter als eine Kupfer/Zinn-Legierung. *Kriegsentscheidende Chemie – das ist eine Spezialdisziplin, welche die Spezies Homo sapiens beherrscht.* Great – um einen Blondschopf zu zitieren, der einmal amerikanische Präsident geworden ist.

Aber noch ein paar Bemerkungen zu meinen Eigenschaften als Werkstoff. Meine Härte könnt ihr steuern, je nachdem, wieviel Kohlenstoffatome ihr in die Hohlräume meines Kristallgitters packt: Sind es keine oder nur wenige, dann bin ich ein recht weiches, gut formbares Material. Wenn hingegen alle Lücken gefüllt sind und der C-Anteil in mir ca. 1,5 % beträgt, bin ich sprichwörtlich „hart wie Krupp-Stahl". Legierungen zwischen mir und

Kohlenstoff nennt man nämlich Stahl, und es war Friedrich Krupp (1787-1826), der meine Massenproduktion in die Wege geleitet hat. Das ist ja auch verständlich, denn man braucht mich eben in Form von Stahl für alles, was feste Konstruktionen erfordert: Brücken, Schiffe, Flugzeuge, Autos, Eisenbahnen etc. In dem Sinne lebt ihr heute immer noch in der Eisenzeit, parallel zum Computer-Zeitalter (vgl. Kap. 2.2.9.3).

Noch einmal zurück zu meiner Herstellung. Ich habe oben gesagt, dass ihr mir im Hochofen ganz schön einheizt. Ihr heizt euch aber gleichzeitig selber ein. Wieso? Na, dann schaut euch mal an, was im Ofen oben rauskommt: CO_2 – der Klimakiller. Meine Herstellung ist tatsächlich einer der größten Treibhausgas-Emittenten auf der Welt. Da müsst ihr wirklich aufpassen. Ich möchte euch auch weiterhin gerne als Bau- und Werkstoff dienen und mache euch deshalb einen Vorschlag: Gebt die carbothermische Reduktion auf und reduziert mich – möglichst ab sofort – mit grünem Wasserstoff:

$$Fe_2O_3 + 3\,H_2 \rightarrow 2\,Fe + 3\,H_2O$$

Das geht, ist aber etwas teurer; doch Umweltqualität hat halt ihren Preis, sollte es euch aber wert sein, denn ihr wollt ja vermutlich als Spezies noch etwas länger leben.

Jetzt muss ich eingestehen, dass ich einen Makel habe. Ich roste nämlich. D.h., langsam, aber sicher gehe ich in Eisenoxid über:

$$4\,Fe + 3\,O_2 \rightarrow 2\,Fe_2O_3$$

Für mich gilt etwas Ähnliches, wie es in einem bekannten Buch über euch Menschen geschrieben steht: „Aus Staub seid ihr gemacht, und zu Staub sollt ihr wieder werden.“ Auf mich bezogen heißt das sinngemäß: „Aus Oxid bin ich gemacht, und zum Oxid soll ich wieder werden.“ Das ist mir auch ganz recht so. Die Chemiker klassifizieren mich als ein unedles Metall; das hört sich negativ an, aber in der Tat bevorzuge ich den oxidierten Zustand gegenüber dem elementaren. Ich bin nun mal anders veranlagt als beispielsweise meine silbernen und goldenen Kumpel, die nichts lieber tun, als metallisch zu glänzen und sich ihres edlen Charakters zu rühmen. (Was ich persönlich als angeberisch empfinde; aber vermutlich bin ich nur neidisch.) Mein Rosten hat für euch Menschen die Konsequenz, dass ihr mich regelmäßig pflegen und Korrosionsschutzmaßnahmen ergreifen müsst. Dazu könnt ihr mich lackieren oder mit Nickel und Chrom legieren, denn diese Metalle werden nicht oxidiert, sodass ich in ihrer Gegenwart auch nicht roste. Eine Fe/Cr/Ni-Legierung nennt man deshalb Edelstahl, ganz nobel. Doch Vorsicht, Nickel und Chrom dürfen bei der Herstellung und Anwendung wirklich nicht in die Umwelt gelangen, denn sie sind in ionischer Form ganz schön giftig.

Gerade ihr Deutschen habt ziemlich viele marode Brücken, weil ihr euch jahrzehntelang nicht um den Korrosionsschutz der Stahlträger gekümmert habt. Das wird euch noch teuer zu stehen kommen. Rostschutz bei Autokarosserien ist bei euch nicht so ein großes Problem, denn das Auto ist ja bekanntermaßen des Deutschen liebstes Kind, um das ihr euch fürsorglich kümmert.

Nun, liebe Studierende, jetzt denkt ihr bestimmt, ich sei nur von technischer Bedeutung. Falsch, ganz falsch. Jeder von euch trägt eine Menge Eisen in sich, im Blut. Und „Blut ist ein ganz besondrer Saft“. Der alte Teufel Mephisto, der das in einem nicht unbekannten Theaterstück eures nicht minder bekannten Dichterfürsten sagt, hat zwar keine Ahnung, was das mit mir zu tun hat; er hat aber mit seinem Ausspruch durchaus recht. Und ihr, liebe Studierende, solltet jetzt eure tiefste Dankbarkeit mir gegenüber zum Ausdruck bringen, denn ich bin es, der Sauerstoff aus der Luft in eurer Mitochondrien transportiert, damit ihr dort über eure Atmungskette biochemisch gespeicherten Wasserstoff verbrennen und Adenosintriphosphat als Aktivator für eure Lebensprozesse synthetisieren könnt (vgl. Kap. 2.2.6). Ich bin nämlich in Form des Hämoglobins, des roten Blutfarbstoffs, das Transportmolekül für O_2 (Abb. 31).

Hämoglobin ist eine Komplexverbindung. Darin bin ich als zentrales zweiwertiges Kation von vier Stickstoffatomen, die untereinander zu einem Ringsystem verbunden sind, quadratisch planar umgeben. Diese sogenannte Häm-Scheibe ist an einem weiteren Stickstoffatom aufgehängt, das zu einem Protein, dem Globin, gehört. So ist die Scheibe an einem polymeren Träger fixiert. Da ich in Komplexen gerne sechs Atome oktaedrisch um mich herum gruppiere – aus ästhetischen Gründen, um die hochsymmetrische Form eines platonischen Körpers zu realisieren –, nutze ich den einen noch freien Platz (in der Abbildung 31 mit einem Platzhalter markiert), um in den Lungenbläschen, wo Sauerstoff aus der Luft reichlich vorhanden ist, ein O_2-Molekül aufzunehmen. Derartig mit Sauerstoff beladen, pumpt euer

Herz mich durch eure Arterien ins Körperinnere, wo ein Sauerstoffmangel herrscht, sodass ich dort das O_2-Molekül auslade, um anschließend durch eure Venen zur Lunge zurückgepumpt zu werden, sodass ein neuer Transport starten kann.

Liebe Studierende, habt ihr nun beim Atmen keine Angst zu rosten? Das tue ich doch an sich ganz gerne, wie ich oben erläutert habe. Nein, kein Problem. Denn die Natur betreibt Rostschutz par excellence. Im Hämoglobin schirmt sie mich nämlich – wie geschildert – durch fünf Stickstoffatome ab, so dass der Sauerstoff mich nicht von allen Seiten angreifen kann, was er müsste, damit ich zu Eisenoxid durchroste. Ihr Menschen solltet euch ein Beispiel an der Natur nehmen; das gilt allgemein, hier speziell, um eure technischen Eisenkonstruktionen gut zu schützen. Das heißt aber nicht, dass ihr eure Brücken etc. mit Blut anpinseln sollt.

Ich bin stolz darauf, als Hämoglobin die zweitwichtigste Komplexverbindung auf der Welt zu sein. Neidlos erkenne ich an, dass das Chlorophyll, in dem mein Freund Magnesium steckt, noch wichtiger ist. Denn dieser Komplex wandelt bei der Fotosynthese die Sonnenergie in chemische Energie um und ist deshalb von globaler Bedeutung, für das Leben auf der Erde generell (vgl. Kap. 2.2.2.3). Ich hingegen habe mich auf das Leben der Aerober wie euch Menschen spezialisiert. Es ist mir eine Ehre euch mit Sauerstoff zu versorgen und am Leben zu halten. Deshalb – ich wiederhole – will ich euch natürlich auch nicht umbringen, wenn ihr mich durch carbothermische Reduktion in meinen metallischen Zustand bringt. Euren Killer namens CO_2 könnt ihr euch sparen, wenn ihr mich aus meinem Oxid mit Hilfe von Wasserstoff rausholt. Das müsst ihr aber selber initiieren. Und zwar schnell.

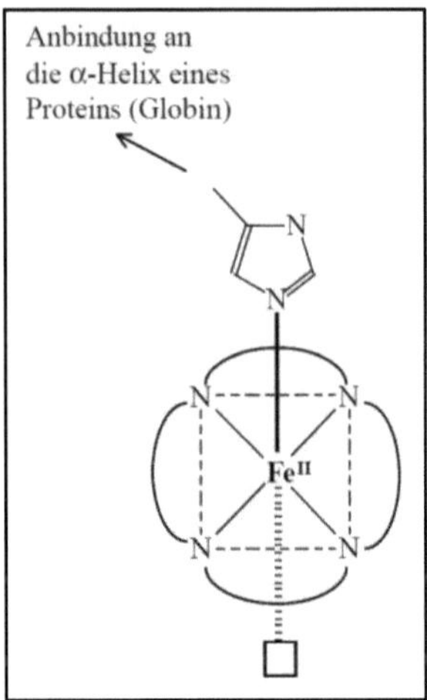

Abbildung 31: Schematische Darstellung vom Hämoglobin, mit einem Platzhalter für O_2 ([35], S. 200).

2.2.9.2 Aluminium

DAS Eisen ist gewiss ein tolles Metall, hat aber bei seiner obigen Vorstellung einen gravierenden Nachteil verschwiegen: Es ist schwer. Hier kommt mein Vorteil ins Spiel, denn ich bin ein *Leicht*metall, heiße Aluminium und bin den meisten Menschen als Alu-Folie bekannt. In chemischen Formel werde ich allerdings mit Al und nicht mit Alu abgekürzt.

Meine Laufbahn begann im Wesentlichen im Zweiten Weltkrieg. Damit bin ich nicht allein, denn viele chemische Stoffe haben erst im Krieg richtig Karriere gemacht, unter den Metallen am meisten das Uran. Bei mir war das folgendermaßen. Als man in den damaligen Flugzeugen Eisen- gegen Aluminiumteile austauschte, wurde die Fluggeräte leichter, sodass sie im Luftkampf schneller und wendiger wurden und außerdem eine größere Bombenlast tragen konnten. *Das nannte man Fortschritt.* Nach dem Krieg wurde auch in zivilen Flugzeugen Eisen gegen mich ausgetauscht. (Heute kommt Konkurrenz in Form von Kohlenstofffasern hinzu.) In der Folge konnten größere Flugzeuge gebaut werden und längere Flugstrecken zurückgelegt werden. Dank mir könnt ihr, liebe Studierende (und anderen Menschen natürlich auch) heute beliebig um die Welt fliegen. Wer dabei wegen der durch das verbrannte Kerosin verursachten CO_2-Emissionen eine Flugscham empfindet, sollte per Internet eine angemessene Kompensationszahlung leisten. Das beruhigt das schlechte Gewissen. Natürlich kann das nicht so weitergehen. Das private In-Den-Urlaub-Fliegen muss aufhören, verboten werden. Das kann ich als *Leicht*metall *leicht* sagen; ein Politiker wird das aber garantiert nicht tun, denn dann würde er einen Aufstand beschwören und bräuchte zur Wiederwahl gar nicht erst antreten. Menschen mögen es komischerweise nicht, wenn man ihnen etwas wegnehmen will.

Einen weiteren kräftigen Karriereschub erlebte ich in den 1960er Jahren, schwerpunktmäßig durch eine gelungene Kooperation mit Coca-Cola. Dieses Synonym für den fantastischen American-Way-of-Life hatte nur einen Nachteil: Das Getränk war in Glasflaschen abgefüllt, die schwer waren und deshalb nicht überall hin mitgenommen werden konnten. Dank meiner im Luftkampf gewonnenen Expertise bot ich mich als Verpackung an – die *Alu-Dose* war erfunden! Jetzt ging es ab zum Picknick in den Wald, auf einen Berggipfel oder an den Strand, *Cola ex und Dose hopp*. Ich war der Star der neu gegründeten Wegwerfgesellschaft. Allerdings konnte auch ich nichts dafür, dass ich – wie es Bundeskanzler Konrad Adenauer einmal gesagt hat – immer schlauer wurde und heute in Anbetracht der gewaltigen Müllmengen überall auf der Welt und insbesondere in den Ozeanen ein unbedingtes Recycling aller Abfälle fordere, die im Grunde genommen ja *Wertstoffe* sind. Dass heute jemand eine Alu-Dose einfach wegschmeißt, kommt selten vor, weil es den Dosenpfand gibt. Geiz ist geil, also her mit dem Pfand für die leere Dose! Und die Rücknahme von Aluminium ist wirklich eine sehr gute Sache. Ich bin tatsächlich der Stoff, der sich am besten recyceln lässt; Weltmeister sozusagen. Einfach schmelzen, ein wenig fabrikneues Aluminium hinzufügen, um einen minimalen Qualitätsverlust zu kompensieren, eine neue Form geben und wiederverwenden. Da verblassen alle anderen Konsumerprodukte vor Neid.

Ich habe großes Glück, dass ich nicht wie das Eisen korrodiere. Dabei müsste ich eigentlich noch viel leichter vom Sauerstoff oxidiert werden, weil ich ein deutlich unedleres Metall bin. Die Oxidation erfolgt auch, aber nur an meiner Oberfläche. Dort entsteht erwartungsgemäß Aluminiumoxid, Al_2O_3, in dem die Aluminium- und Sauerstoffionen aber so dicht gepackt sind, dass ihre nur nano- bis mikrometerdichte Schicht von weiteren O_2-

Molekülen nicht durchdrungen und das darunterliegende Metall folglich auch nicht verbrannt werden kann. Der Fachausdruck für dieses Selbstschutzphänomen lautet *Passivierung*.

Als Metall bin ich ja ganz toll. Damit dieses Eigenlob nicht stinkt, möchte ich eingestehen, dass bei meiner Herstellung vieles im Argen liegt. Man gewinnt mich aus Aluminiumoxid, und da diese Verbindung bombenstabil ist, werdet ihr schon ahnen, liebe Studierende, dass wahnsinnig viel Energie erforderlich ist, um mich von meinen Sauerstoff-Partnern zu trennen. Das gelingt nur elektrochemisch. Man löst das Aluminiumoxid in einer ca. 1000 °C heißen Schmelze von Kryolith, Na_3AlF_6. (Wenn es diese Möglichkeit nicht gäbe, müsste das reine Aluminiumoxid bei über 2000 ° C geschmolzen werden, was verfahrenstechnisch indiskutabel wäre.) Als Anodenmaterial wird Kohle verwendet, die durch den dort gebildeten Sauerstoff zu Kohlenstoffdioxid verbrannt wird. In der Zelle, in der sich eine Kathode aus Kupfer befindet, scheide ich mich als Metall ab und kann in flüssiger Form abgelassen werden (Abb. 32).

Kathode (Minuspol): $4\,Al^{3+} + 12\,e^- \rightarrow 4\,Al$
Anode (Pluspol): $6\,O^{2-} \rightarrow 3\,O_2 + 12\,e^-$

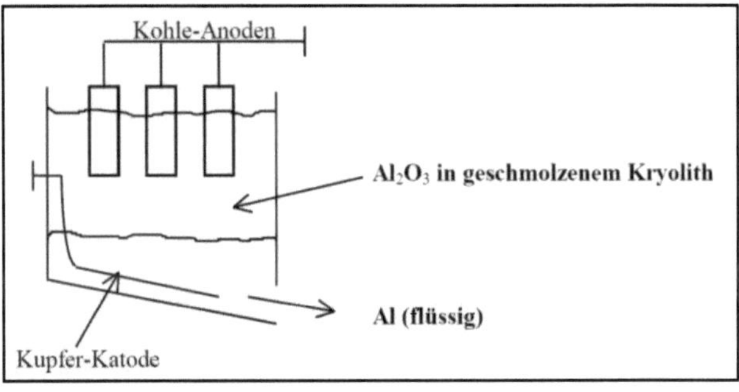

Abbildung 32: Schmelzflusselektrolyse zur Gewinnung von Aluminium ([35], S. 189).

Die Strommenge, die für die Versorgung des Weltmarkes mit mir erforderlich ist, ist gigantisch. Oft wird die Schmelzflusselektrolyse da durchgeführt, wo besonders billiger Strom verfügbar ist, z.B. an Wasserkraftwerken an Talsperren oder in direkter Nähe eines Atom- oder Verbrennungskraftwerkes. Da ihr auf mich (genauso wie auf das Eisen) in der Zukunft gewiss nicht verzichten könnt, muss der für meine Gewinnung erforderliche Strom unbedingt Ökostrom sein. Warum also nicht riesige Solaranlagen in der Wüste aufbauen, wo die Sonne tagsüber fast immer scheint, daneben Aluminiumwerke positionieren und mit dem Solarstrom direkt die Schmelzflusselektrolysen betreiben?

Bevor wir zur Elektrolyse schreiten, müssen wir erstmal reines Aluminiumoxid haben. Und hier liegt die nächste Crux. Dieser Stoff kommt in der Natur verschwistert mit Eisenoxid und Siliziumdioxid als *Bauxit* vor. Große Lagerstätten davon gibt es im brasilianischen Regenwald, knapp unter der Erdoberfläche. Zur Bauxit-Förderung wird der Wald gerodet – was wegen der Vernichtung dieser wichtigsten CO_2-Senke allein schon eine ökologische Sünde ist (vgl. Kap. 2.2.3.2) – und das Erz im Tagebau ausgegraben, was eine weitere Zerstörung der Landschaft zur Folge hat. Ansässige indigene Stämme werden vertrieben, womit deren verbrieftes Menschenrecht auf Selbstbestimmung und Landbesitz mit Füßen getreten wird.

Und das ist noch keineswegs der Gipfel, vielmehr geht es jetzt erst richtig los, mit dem chemischen *Aufschluss des Bauxits*. Dieser wird in einem Autoklaven bei hoher Temperatur mit konzentrierter Natronlauge umgesetzt – ein wahrhaftiges Steine-Kochen. Dabei löst sich das Aluminiumoxid auf. Es entsteht ein wasserlöslicher Komplex, in dem ich als dreiwertiges Kation von vier Hydroxid-Liganden tetraedrisch umlagert bin.

$$Al_2O_3\,(s) \; + \; 2\,NaOH \; + \; 3\,H_2O \; \rightarrow \; 2\,Na[Al(OH)_4]\,(aq)$$

Meine mineralischen Partner überleben die Prozedur weitgehend unbeschadet und werden abfiltriert. Da das Eisenoxid rot ist, heißt der Filterkuchen *Rotschlamm*. Er ist vollgesogen mit Natronlauge und kommt in ein Absatzbecken. Da liegt er und bleibt dort auch liegen, wenn hoffentlich nicht die Sperrmauer bricht. Das dürfte eigentlich nicht passieren, wenn sie nach dem Stand der Technik ordentlich gebaut ist und ständig kontrolliert und gegebenenfalls ausgebessert wird. Doch in Brasilien (und anderen ärmeren Ländern) nimmt man es aus Kostengründen mit der Sicherheit oft nicht so genau und dabei Katastrophen fahrlässig in Kauf. Gelegentlich bricht eine Sperrmauer, und der alkalische Schlamm ergießt sich in das nächste Gewässer, in dem das Leben dann finito ist. Wenn der Schlamm durch ein Dorf fließt, sind auch menschliche Opfer zu beklagen. Hier besteht natürlich dringender Handlungsbedarf. Wenn schon Bauxitabbau, dann bitte nur mit ordentlicher Renaturierung der Abbaugrube und mit einem Rückhaltebecken nach dem allerneusten Stand der Technik, betrieben von echten Profi-Ingenieuren. Das könnte ein Präsident Jair Bolsonaro sehr wohl kapieren, will er aber nicht.

Jetzt habt ihr mich als Komplex in Lösung und müsst daraus noch reines Aluminiumoxid gewinnen. Dazu wird die stark alkalische Lösung mit Wasser soweit verdünnt, das sie nur noch leicht basisch ist. Dann hydrolysiert der Komplex und schwerlösliches Aluminiumhydroxid fällt aus. Es wird abfiltriert und bei ca. 1000 ° C zu Aluminiumoxid getrocknet.

$$Na[Al(OH)_4]\ (aq) \rightarrow Al(OH)_3\ (s) + NaOH$$
$$2\ Al(OH)_3 \rightarrow Al_2O_3 + 3\ H_2O$$

Hier muss man in Zukunft unbedingt dafür sorgen, dass die Heizöfen mit Ökostrom betrieben werden.

Die Natur will uns, hier spreche ich jetzt auch für das Eisen, als oxydische Mineralien in der Erde haben. Wenn ihr, liebe Studierende, uns lieber in elementarer Form haben möchtet, müsst ihr dafür einen hohen ökologischen Preis bezahlen. Doch wenn ihr weiterhin Kohle als Reduktionsmittel verwendet und den Strom aus Verbrennungs- oder Atomkraftwerken bezieht, kollabiert das Ökosystem Erde und euch Menschen wird es nicht viel anders ergehen als den Dinos vor Millionen Jahre; mit grünem Wasserstoff als Reduktionsmittel und Ökostrom könntet ihr den Schaden an der Umwelt vielleicht noch halbwegs in Grenzen halten.

ICH beneide das Eisen, weil es euch in Form des Hämoglobins das Leben ermöglicht. Ich tue eurem Körper hingegen nicht gerade etwas Gutes an, wenn ihr mich vielleicht schon einmal als *Bestandteil eines Deos* erlebt habt. Zugegeben, Schweißflecken können peinlich sein; was sich einige kluge Chemiker dagegen überlegt haben, ist allerdings pervers. Sie haben mich als wasserlösliches Salz in das Deo gepackt. Werde ich nun von euch auf eure Haut gesprüht, entfalte ich meine komplexchemischen Eigenschaften und lade basische Seitengruppen eurer Hautproteine dazu ein, sich um mich herum anzulagern. Damit vernetze ich die Proteine; oder vielleicht sollte ich hier besser sagen, dass ich sie verklebe und damit auch die Poren eurer Haut, sodass kein Wasser nach außen dringt, welches euch eigentlich kühlen sollte. Kein Schweißfleck mehr. Toll. Oder doch nicht? Mittlerweile bin ich wieder aus den Deos verbannt. Es ist zwar nicht endgültig bewiesen, aber es gibt Hinweise darauf, dass ich in der Deo-Applikationsform Krebs auslösen kann. Ich bitte euch deshalb um Entschuldigung und schäme mich gleichzeitig, für die schwachsinnige Idee einiger Chemiker, die es mit der Folgeabschätzung ihres Tuns nicht so ernst genommen haben, ausgenutzt worden zu sein.

2.2.9.3 Silizium

MICH gibt es sprichwörtlich so viel wie Sand am Meer. Ha, der Witz war gut! Wenn ihr jetzt nicht lacht, liebe Studierende, wisst ihr wohl nicht, wer ich bin. Mein Name ist Silizium, und ich komme in der Natur hauptsächlich als Siliziumdioxid, dem Hauptbestandteil des Sandes und den davon abgeleiteten Silicaten, vor.

Im reinen Quarzsand bin ich tetraedrisch von vier Sauerstoffatomen umgeben, wobei jedes O-Atom zwei Si-Atome verbrückt. So entsteht eine dreidimensionale Netzstruktur, von der ein Ausschnitt in der Abbildung 33 (oben) gezeigt ist.

Es gibt über mich ein zweites Sprichwort, dass du dein Haus nicht auf Sand bauen sollst. Da ist etwas Wahres dran, muss aber differenzierter betrachtet werden. In der Tat bin ich in Form von Sand neben Holz (Kap. 2.2.4.2) und Stahl (Kap. 2.2.9.1) *das* Material im Bauwesen. Dabei ist Sand nicht gleich Sand. *Wüstensand* ist sehr feinteilig, weil die Sandkörner ständig vom Wind bewegt, dabei aufeinanderschlagen und rund geschliffen werden. Solche Teilchen kann man praktisch nicht verkleben, sodass sie für den Bausektor unbrauchbar sind. Auf ihnen kann man in der Tat nicht bauen. *Quarzsand* kommt hauptsächlich am Meeresboden bzw. -strand oder in Flussbetten sowie am Grund von Seen vor. Seine Teilchen sind nicht so abgeschliffen wie die des Wüstensandes, sondern zeichnen sich durch eine raue Oberfläche aus, die Verzahnungen ermöglichen. Dies geschieht bei der Herstellung von *Zement*, die bereits im Kapitel 2.2.3.2 angesprochen worden ist: Hier wird aus *gebranntem Kalk*, CaO, und Sand ein Calciumsilicat, $CaSiO_3$, das mit zugesetztem Wasser und unter Aufnahme von Kohlenstoffdioxid und Bildung von Calciumcarbonat, $CaCO_3$, vernetzt wird. Setzt man dem Zement *Kies* zu – das ist sehr grobkörniger Sand, wobei die Teilchen so groß sein können, dass man sie als Kieselsteine bezeichnet –, so entsteht *Beton*.

Meine Funktion im Bausektor, sehr verehrte Studierende, möchte ich mit den Begriffen *Ton*, *Lehm* und *Stahlbeton* noch weiter erläutern. In den Tonen habe ich in meiner Form als Siliziumdioxid einen kongenialen Partner im Aluminiumoxid gefunden. In der Abbildung 33 ist gezeigt, wie ich eine tetraedrische und das Aluminium eine oktaedrische Schicht aufbaut, wie unsere beiden Schichten flach übereinanderliegen und durch Sauerstoffatome verknüpft sind. In der Natur sind Tone wichtige Bodenbestandteile, können Wasser und Mineralien aufnehmen, speichern und bei Bedarf wieder an die Bodenlebewesen abgeben. Ein fruchtbarer Boden zeichnet sich durch einen hohen Tongehalt aus. Wenn ihr Menschen den Ton ausgrabt, in eine Form bringt und auf über 1000 °C erwärmt – ihr wisst schon, wie ihr die Brennöfen in Zukunft betreiben müsst –, treibt ihr ihm alle Feuchtigkeit aus und erhaltet eine steinharte Masse, einer *Keramik.* Diese kann die Form einer Kaffeetasse oder eines Ziegelsteins haben. Die Tasse braucht ihr, um euer Gehirn mit Kaffee zu dopen (vgl. Kap. 2.2.8.1), den Ziegelstein zum Häuserbau.

Wenn Ton mit Sand vermischt wird, resultiert *Lehm.* Mit Lehmbauten ist die menschliche Zivilisation groß geworden.

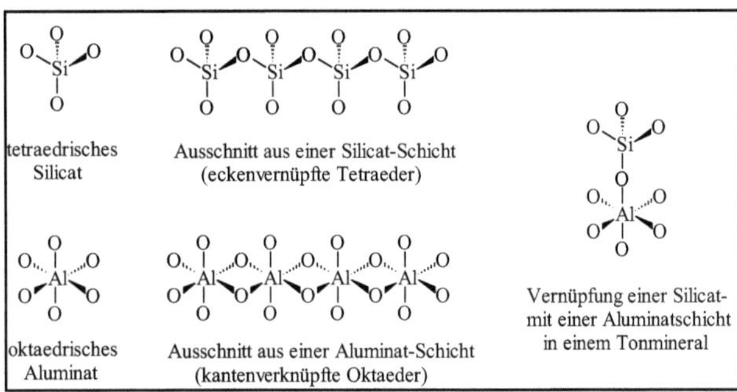

Abbildung 33: Strukturelemente in Tonmineralien.

Stahlbeton ist ein *Verbundwerkstoff.* Er besteht aus Stahlstäben, -seilen oder -netzen, die mit nassem Beton umgossen werden, der dann in wenigen Stunden seine Feuchtigkeit verliert und aushärtet. Der Stahl ist für die Zugfestigkeit verantwortlich, der Beton für die Druckfestigkeit. Stahlbeton ist quasi das künstliche Pendant zum natürlichen Verbundwerkstoff Holz, in dem die

Cellulosefaser die Zug- und das Lignin die Druckfestigkeit garantiert (vgl. Kap. 2.2.4.2).

Wenn ihr, liebe Studierende, in den schönen Bauwerken, die ihr mir zu verdanken habt, wohnt, möchtet ihr gewiss gelegentlich zum Fenster hinausschauen. Dabei spiele ich auch eine Rolle; die Glasscheiben bestehen nämlich im Wesentlichen aus Sand. Zur *Glasherstellung* wird Sand mit etwas Soda, Na_2CO_3, und Kalk, $CaCO_3$, zusammengeschmolzen. Dabei zersetzen sich die beiden Carbonate zu ihren Oxiden, Na_2O bzw. CaO, und Kohlenstoffdioxid und brechen einige meiner Si-O-Si-Bindungen. Die Bruchstellen werden mit dem einwertige Alkalimetal- oder dem zweiwertigen Erdalkalimetallkation besetzt (Abb. 34).

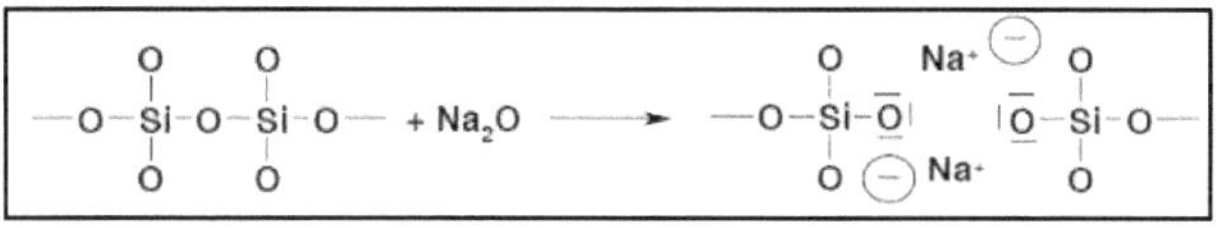

$$-O-\underset{O}{\overset{O}{\underset{|}{\overset{|}{Si}}}}-O-\underset{O}{\overset{O}{\underset{|}{\overset{|}{Si}}}}-O- + Na_2O \longrightarrow -O-\underset{O}{\overset{O}{\underset{|}{\overset{|}{Si}}}}-O^{-}\ Na^{+} \quad Na^{+}\ {}^{-}O-\underset{O}{\overset{O}{\underset{|}{\overset{|}{Si}}}}-O-$$

Abbildung 34: Netzwerkwandlung des Quarzes bei der Glasherstellung.

Dadurch geht die Kristallinität meiner Quarz-Grundstruktur verloren. Die Glasschmelze wird in die gewünschte Form, z.B. einer Scheibe, aber gerne auch einer Flasche etc., gebracht und erkaltet darin. Streng genommen ist Glas gar kein Feststoff, sondern eine Flüssigkeit mit einer sehr hohen Viskosität, d.h., sie ist so zäh, dass sie nicht wegfließt. Das wäre bei einer Fensterscheibe ja auch nicht so toll.

Ich bin stolz darauf, dass ich für euch Menschen riesige Metropolen und Straßennetze bauen durfte, sehe aber mit Sorge, dass ich – auch wegen der immer noch steigenden Weltbevölkerung, für die noch sehr viele Städte gebaut werden müssen – zunehmend zum Konfliktstoff werde, denn Bausand wird knapp. Ich sagte bereits, dass sich Wüstensand zum Bauen nicht eignet, sondern nur Quarzsand. Dessen Förderung vom Grund von Flüssen, Seen und Meeren stellt eine erhebliche Belastung für die entsprechenden Ökosysteme da. Wasserpflanzen und am Grund lebende Tiere, z.B. Muscheln, verlieren ihren Lebensraum. Durch das Ausbaggern wird zudem so viel Sand aufgewirbelt, dass das Wasser extrem trüb wird, sodass keine Fische mehr darin leben können, weil ihre Kiemen verstopfen. Aus Umweltschutzgründen sind die Sandabbaugebiete deshalb schon heute limitiert. Doch da immer mehr Bausand benötigt wird, lebt die illegale Förderung mehr und mehr auf. Die Sand-Mafia ist schon heute weltweit sehr stark.

JETZT kommt noch hinzu, dass ich nicht nur als Sand und Ton für euch Menschen interessant bin, sondern auch in elementarer Form, in der ich ein *(Foto)Halbleiter* bin, unverzichtbar für Solarzellen, Computer- und Handychips. (Und ich muss eingestehen, dass ich etwas sauer bin, dass ihr das heutige Zeitalter das Computerzeitalter nennt und nicht die Siliziumzeit; immerhin zollt ihr dem Eisen und der Bronze Respekt, indem ihr von einer Eisenzeit bzw. Bronzezeit sprecht.)

Da Siliziumdioxid eine sehr stabile Verbindung ist (ähnlich wie Eisenoxid und Aluminiumoxid) bedarf es gewaltiger Energiemengen, um mich daraus zu befreien. Das geschieht carbothermisch (wie beim Eisen), aber bei noch höherer Temperatur, die nur mit einem elektrischen Lichtbogen erreicht werden kann. Dafür muss in Zukunft unbedingt welcher Strom verwendet werden?

$$SiO_2 + 2\,C \rightarrow Si + 2\,CO$$

Das so erhaltene Roh-Silizium muss anschließend noch in aufwändigen Verfahren gereinigt werden, was zusätzlich Energie erfordert. Und wenn die siliziumbasierte Digitalisierung nicht nur im Handy und PC, sondern vor allem in ihren gigantischen Rechenzentren, Servern und auf ihren Datenautobahnen endlich im Betrieb ist, verschlingt sie weiter Unmengen an Energie – Tendenz deutlich steigend.

Ich will hier aber nur meine Eigenschaft als Fotohalbleiter detaillierter beschreiben. Wenn Sonnenlicht auf mich scheint, werden einige meiner Bindungselektronen auf ein höheres Energieniveau befördert. Die Elektrochemiker sagen, dass Elektronen aus meinem Valenzband in das Leitungsband promoviert werden. Dort sind sie beweglich und „strömen". Wir haben also die Energieumwandlung von Licht in elektrischen Strom (vgl. Kap. 2.1.3). Damit können wir nun alles Mögliche antreiben, z.B. die Schmelzflusselektrolyse von Aluminium oder die Kalkbrennöfen oder die Lichtbögen, die zu meiner Gewinnung erforderlich sind. Und natürlich können wird mit meinem Foto-Strom eine Wasser-Elektrolyse durchführen, auf diese Weise Sauerstoff und grünen (!) Wasserstoff erzeugen (vgl. Kap. 2.2.2.3) und mit letzteren Eisen aus Eisenoxid und Ammoniak aus Stickstoff gewinnen, Brennstoffzellen für Autos betreiben oder in jetzigen Erdgaskraftwerken das Methan gegen das Öko-Brenngas austauschen …

Wow, ich bin ganz begeistert, was ich als Fotohalbleiter leisten kann, um CO_2-Emissionen zu vermeiden und euch Menschen vielleicht doch noch vor der Klimakatastrophe zu bewahren. Ihr müsst nur alle eure Häuserdächer mit Solarzellen bestücken, aber – viel wichtiger noch – megagigantische Solarkraftwerke in der Wüste aufbauen. (Die sind auch nicht so schwer, dass ihr sie nicht auf dem feinkörnigen Sand aufstellen könntet.) Warum dort? Na klar, da scheint tagsüber fast immer die Sonne, es gibt keine Anwohner, die sich wegen einer Landschaftsverschandelung beschweren, und Solarzellen schreddern auch keine Vögel und Insekten, wie Windräder das tun. (Diese sind zwar ökologisch gesehen auch positiv, weil sie die in Wind umgewandelte Sonnenergie nutzen, aber die angedeuteten Macken haben.)

Warum bin ich so selbstbewusst, dass mir als Fotohalbleiter die Zukunft gehört? Weil ich aus dem Buch der Natur abgeschrieben habe. (Ich oute mich hier also ganz öffentlich als Plagiator.) In dem Buch steht:

1. Man nehme das kostenlos zur Verfügung stehende Sonnenlicht (*mache ich auch*),
2. aktiviere damit Bindungselektronen im Chlorophyll (*mein großes Vorbild*),
3. nutzte das elektrische Potenzial entlang der Membrane in den Chloroplasten (vergleichbar *meinen Valenz- und Leitungsband*)
4. und die dort befindlichen Enzyme zur Wasserzersetzung (*meine Elektrolysefabrik*),
5. speichere den Wasserstoff als $NADH/H^+$ (*mache ich z.B. in flüssiger Form oder speise ihn in eine Pipeline ein*)
6. und nutze ihn später nach Belieben (*s.o.*).

Man sollte der Sonne den Chemie-Nobelpreis verleihen, oder gerne auch den Friedenspreis. Aber eigentlich braucht sie den nicht mehr, denn vor gut 3200 Jahre hat sie bereits den viel renommierteren Echnaton-Preis erhalten. Der kluge Pharao hatte nämlich erkannt, dass alle Lebensenergie von der Sonne kommt und sie deshalb zur einzigen Göttin geadelt. Also bliebe der Nobelpreis für mich, das Silizium, übrig.

ACH ja, fast hätte ich eine wichtige Anwendung von mir als Sand vergessen. Fast ständig füllt man mich irgendwo auf der Welt in Säcke, damit ich Menschen vor den Kugelgeschossen anderer Menschen schütze.

2.2.9.4 Gold

NATÜRLICH, ich sehe wahnsinnig gut aus. Aber mal unter uns, liebe Studierenden, ist der Goldrausch der Menschheit nicht übertrieben, wenn nicht gar eine schwere Geisteskrankheit? Mein Name heißt auf Lateinisch Aurum, abgekürzt Au. Als Eselsbrücke könnt ihr euch merken: Au, wie Aua – tut weh, wenn man bedenkt, wieviel Menschen meinetwegen ermordet worden sind.

Das kennt ihr aus vielen klassischen Western. Da steht ein kaputter Typ mit den Füssen in einen Gebirgsbach, siebt tagelang den Sand und findet plötzlich ein Goldnugget. „Hurra, ich bin reich“, schreit er. Aus dem Hinterhalt knallt ein Schuss, der Mann ist tot und das Goldstück in anderem Besitz.

Nicht viel anders war es bei der Eroberung des Azteken-Reichs durch Hernán Cortéz und des Inka-Reichs durch Francisco Pizzaro. Es ging um Gold, welches die Ureinwohner Amerikas reichlich besaßen und worauf die Konquistadoren und ihre Auftraggeber in der alten Welt turbogeil waren. Sie schleppten Krankheiten aus Europa ein, welche die Einheimischen dahinrafften, falls sie nicht dem Völkermord direkt zum Opfer fielen. Die Urbevölkerung Mittelamerikas wurde zu Beginn des 16ten Jahrhunderts so stark dezimiert, dass die Flächen, die zuvor landwirtschaftlich genutzt wurden, brachlagen, sodass der Urwald nachwachsen konnte. Seine Fotosynthese führte in dem Zeitraum zu einer globalen Temperaturerniedrigung um ein halbes Grad. Sehr makaber: Völkermord als CO_2-Senke. Ich schäme mich sehr dafür, dass ich, das glänzendes Gold, indirekt schuldig daran bin. Meine Schönheit macht mich nicht glücklich.

Wozu bin ich denn überhaupt nützlich? Gewiss in der Mikroelektronik. Man kann mich auf Platinen in sehr dünnen Schichten aufdampfen, wo ich meine Aufgabe als hervorragender elektrischer Leiter erfülle. Dabei ist von großen Vorteil, dass ich ein sehr edles Metall bin, was hier nicht moralisch zu interpretieren ist, sondern chemisch, und bedeutet, dass ich nicht korrodiere.

In der Natur komme ich gar nicht so selten vor. Die großen Nuggets dürften aber längst eingesammelt worden sein (s.o.). Vielmehr verberge ich mich fast unsichtbar zwischen verschiedenen Gesteinen. Daraus kann man mich mit *Quecksilber* extrahieren. Ich löse mich zwar nicht in Wasser oder Benzin, aber in diesem, bei Raumtemperatur flüssigen Metall. Der Fachausdruck für eine Legierung mit Quecksilber lautet Amalgam. Das übrig gebliebene Gesteinsmaterial wir abfiltriert und das Quecksilber durch Erhitzen verdampft. Ich bleibe als Rohgold zurück. Das Verfahren muss unter höchsten Sicherheitsvorschriften durchgeführt werden, denn Quecksilber ist sehr giftig.

Alternativ kann man mich aus dem gemahlenen Gestein mit *Cyanid* und in Gegenwart von Luftsauerstoff herauslösen:

$$4\,Au + 8\,NaCN + O_2 + 2\,H_2O$$
$$\rightarrow\ 4\,Na[Au(CN)_2] + 4\,NaOH$$

Meine Oxidation ist nur möglich, weil ich danach in einem ausgesprochen stabilen Cyanokomplex übergehen kann. Die Komplexbildung ist also die eigentliche Triebkraft des Prozesses. Nach dem Abfiltrieren des Gesteins holt man mich mit Hilfe des unedlem Zinks wieder aus dem Komplex heraus, welches sich für mich opfert und selbst eine Komplexbildung mit dem Cyanid eingeht:

$$2\,Na[Au(CN)_2] + Zn \rightarrow 2\,Au + Na_2[Zn(CN)_4]$$

Auch diese sogenannte Cyanidlaugung muss unter strengen Sicherheitsauflagen durchgeführt werden, denn Cyanid ist hochtoxisch – Cyankali ist besonders „beliebt“ für Giftmorde –, kann aber mit Wasserstoffperoxid recht einfach oxidativ zum Cyanat entgiftet werden:

$$NaCN + H_2O_2 \rightarrow NaOCN + H_2O$$

So weit, so kompliziert, aber gut, wenn alles korrekt nach dem Stand der Technik durchgeführt wird. Doch die Gier nach Gold und die Profitgier lässt die illegale Goldgewinnung geradezu blühen, vor allen in einigen afrikanischen Staaten. Von der korrupten Polizei meisten toleriert, werden die oben beschriebenen Maßnahmen durchgeführt, aber eben *nicht* nach dem Stand der Technik. Quecksilber und Cyanid verbleiben in der Natur, kontaminieren das Trinkwasser und ganze Landstriche und vergiften schleichend die Bevölkerung.

Menschheit – quo vadis?

2.2.9.5 Lithium

KLIMANEUTRALE, umweltgerechte und unbeschränkte *Automobilität* dank Lithium-Akku – lasst euch bitte nicht verarschen, liebe Studierenden! Gewiss, wenn nur noch Elektroautos in den Städten fahren würden, wäre das großartig, weil es keine Ruß- und Stickstoffoxid-Emissionen und folglich auch kein bodennahes Ozon mehr gäbe (vgl. Kap. 2.2.5) und erst recht kein Klimakiller CO_2 mehr in die Atmosphäre gejagt würde, wie das ja bei den Benzin- und Dieselautos der Fall ist. Doch was habt ihr von Klaus Lucas gelernt (Lesetext 1)? Dass das Angenehme in der Stadt mit dem Chaos außerhalb bezahlt werden muss! Wenn alle Deutschen in Zukunft E-Autos mit Li-Batterien fahren, kann das dann nicht die Folge eines Neokolonialismus sein, wenn das Lithium beispielsweise aus Salzseen in chilenischen Hochland kommt und dort die Gewinnung das Land und auch die ansässigen Menschen vergiftet, sofern diese nicht rechtzeitig reißaus nehmen? Wieso? Zur Beantwortung dieser Frage muss ich etwas weiter ausholen.

Wie ihr, liebe Studierende, aus eurem Chemie-Vorkurs (Kap. 1.1) wisst, bin ich ein Alkalimetall, das es in elementarer Form in der Natur gar nicht gibt, sondern nur als einwertiges Kation. Man kann mich aber durch Schmelzflusselektrolyse meiner Salze, meistens LiCl, gewinnen (ähnlich wie Aluminium, Kap. 2.2.9.2). So auf die Welt gekommen, bin ich bestrebt, mein einziges Valenzelektron möglichst rasch wieder abzugeben, um die Elektronenkonfiguration des Edelgases Helium zurückzugewinnen. Als Metall bin also ein ausgesprochen starker Elektronenlieferant, was mich als Material in einer Batterie interessant macht. Das im Periodensystem unter mir platzierte Natrium oder das rechts danebenstehende Erdalkalimetall Magnesium könnten diese Aufgabe zwar grundsätzlich auch übernehmen, sind aber knapp viermal so schwer wie ich. Und da eine Batterie für ein E-Auto sowieso schon recht viel wiegt, ist die Gewichtseinsparung, die ich von Natur aus mitbringe, höchst willkommen.

Jetzt gibt es mich aber nicht überall auf der Welt und wohl kaum in der Menge, die erforderlich wäre, um *alle* Autos mit Elektromotoren auszustatten. Also ist abzusehen, dass ich, wenn die zurzeit noch schleppend anlaufende E-Mobilität zum E-Boom weltweit werden sollte, zum Konfliktrohstoff werden dürfte. Es ist schon auffallend, wie sich große Firmen die Schürfrechte in meinen Lagerstätten sichern, Subventionen von ihren Regierungen fordern und auch erhalten. Das Hauen und Stechen um mich geht allmählich los.

Betrachten wir einen Salzsee im chilenische Hochland. Dort liege ich als mäßig lösliches Lithiumcarbonat, Li_2CO_3, vor. Man braucht irre Mengen Wasser, um mich dort herauszulösen. Damit wird der an sich schon wasserarmen Gegend weiteres Grundwasser entzogen. Außerdem hat meine Förderung eine Vergiftung der Landschaft zur Folge, wenn man verfahrenstechnisch schludert. Man sollte mich nicht unterschätzen; ich bin ein Nervengift. Also müssen die anliegenden Kleinbauern ihre bescheidene Landwirtschaft wohl aufgeben. Schadensersatzleistungen dürften sich in sehr bescheidenen Grenzen halten, so dass die Menschen zur Landflucht gezwungen werden. Ob sie dann in Großstädten gute Arbeit finden, oder eher in den Vorstadt-Slums landen?

Nehmen wir jetzt an, ich sei schlussendlich in einer Batterie angekommen, eingelagert in Graphit, und die Batterie ist geladen, d.h. ich bin in meinem elementaren Zustand. Ich befinde mich am Minuspol und schicke mein Valenzelektron zum Pluspols, wo sich ein vierwertiges Kobalt-Kation (als Kobaltoxid, CoO_2) befindet, und mein Elektron aufnimmt:

$$Li + Co^{4+} \rightarrow Li^{+} + Co^{3+} \quad \text{bzw.} \quad Li + CoO_2 \rightarrow LiCoO_2$$

Meine chemische Energie wird also in elektrische Energie umgewandelt. Der Stromfluss kann angezapft werden, um ein Auto zum Fahren bringen. Wenn irgendwann alle Lithiumatome in meiner Batterie ihr Valenzelektron abgegeben haben, ist die Batterie leer, kann dann wieder aufgeladen werden – aber bitte nur mit Öko-Strom.

Mit meinem Kobalt-Partner von der Gegenelektrode bin ich ein gutes Team. Manchmal plaudern wir miteinander, und seine Herkunftsstory hat mich richtig schockiert. Er stammt aus dem Kongo, aus einer Mine, in der er von Kindern ausgegraben wurde. Dort setzen skrupellose Gangster die Kinder armer Eltern den Einsturzgefahren der Minen und den Vergiftungen durch schwermetallhaltigen Staub aus, um mit den billigsten aller Arbeitskräfte größtmöglichen Profit zu machen. Schulbildung ist für diese Kinder ein Fremdwort. Liebe Studierende, fragt doch bitte einmal euren Auto-, Handy- oder PC-Hersteller, ob er gemäß dem Lieferkettengesetz garantieren kann, dass bei der Rohstoffgewinnung für seine Batterien keine Kinderhände in Spiel waren.

Unter Berücksichtigung aller ökologischen und ethischen Standards ist der Einsatz der Li-Batterie gewiss in Ordnung. Man sollte meine Vorkommen aber weitgehend für Kleingeräte wie Computer oder Handys reservieren, aber nicht für PKWs. Liebe Studierende, fahrt besser mit dem Rad oder geht zu Fuß; das schont die Umwelt, und die gleichzeitige Entschleunigung eures Lebens tut Wunder. Oder nehmt den Bus. Zahlreiche Busse fahren schon elektrisch, allerdings mit Strom aus einer *Brennstoffzelle*, in der grüner Wasserstoff als Reduktionsmittel verwendet wird (vgl. Kap. 2.2.9.3).

2.2.9.6 Neodym

Ich bin ein „Gewürzmetall“ und gehöre zur Gruppe der sogenannten *Seltenen Erden.* Das sind die Elemente Scandium, Yttrium, Lanthan und die darauf im Periodensystem folgenden 14 Elemente Cer bis Lutetium. Mein Name Neodym leitet sich von den beiden griechischen Wörtern neos und didymos, übersetzt: neu und Zwilling, ab. Man hatte bei meiner Entdeckung wohl gedacht, ich sei ein bislang noch nicht bekannter Zwilling des Lanthans, weil ich diesem in vielen meiner Eigenschaften ähnlich bin. Das gilt aber genauso für Cer, Praseodym und die anderen in unserer Reihe, sodass man uns Geschwister auch gemeinsam als *Lanthanoide* bezeichnet. Wir kommen meistens als Oxide der allgemeinen Formel M_2O_3 vor, unterscheiden uns nur geringfügig in unserer Größe, werden durch Schmelzflusselektrolyse in unseren elementaren Zustand gebracht und treten meist zusammen auf, eingelagert in andere Gesteinsarten.

Daraus ergibt sich das erste Problem mit uns. Da wir uns so ähneln, sind wir schwer voreinander zu trennen. Das klappt letztendlich – die Chemiker sind ja ausgesprochen kreativ –, ist aber aufwendig, weil unsere Erze mit verschiedenen Säuren und Laugen behandelt werden müssen, um uns in Lösung zu bringen, weil wir fraktioniert gefällt und/oder mit verschiedenen Komplexbildnern extrahiert werden müssen und weil dabei jede Menge Abfälle entstehen, die mit einem Sammelsurium verschiedenster Chemikalien kontaminiert sind. Dazu gehören auch radioaktives Uran und Thorium, zwei Elemente, die sich besonders gerne in meiner Nähe aufhalten. Da nennenswerte Menge von uns Seltenen Erden nur in China vorkommen, hat dieses Land mit seinem diktatorischen Regime ein Monopol auf uns, und jedes andere Land, das uns haben will, begibt sich in eine wirtschaftliche Abhängigkeit von China. Außerdem wird dort beim Umweltschutz nicht so genau hingeschaut. Ich habe den Eindruck, dass viele unserer Produktionsabfälle nicht nach dem Stand der Technik korrekt aufgearbeitet werden, sondern in natürlichen Gewässern verschwinden. Auch haben wir gehört, dass auf die Gesundheit der Arbeiter bei belastenden Verfahrensschritte keine Rücksicht genommen wird. Ob das nur ein Gerücht ist, weiß ich nicht. Will ich vielleicht auch gar nicht wissen, weil man in China über Umweltkatastrophen und Menschenrechtsverletzungen besser nicht sprechen sollte, wenn man dort noch Geschäfte machen möchte.

Wenn wir Lanthanoide aber schließlich auf dem Markt sind, machen wir unserem Spitznamen „Gewürzmetalle“ alle Ehre. Wie das Salz der Suppe oder der Pfeffer dem Steak erst den köstlichen Geschmack verleiht, geben wir in kleinen Konzentrationen zahlreichen technischen Anwendungen erst den richtigen Kick. Das Europium sorgt beispielsweise als Leuchtstoff dafür, dass die Farben auf manchem Bildschirm besonders brillant sind. Das Samarium verleiht einer Legierung mit Kobalt, Co_5Sm, einen so starken Magnetismus, dass der winzige Ohrstöpsel von einem Walkman, in den die Legierung eingebaut ist, euch beim Hören von Musik glauben lässt, ihr stündet direkt vor den meterhohen Lautsprechern beim einen Rock-Konzert. Das Gadolinium sorgt als Kontrastmittel dafür, dass bei der Kernspinntomographie besonders scharfe Bilder entstehen. Und ich, das Neodym, leiste einen wesentlichen Beitrag zur Produktion von Öko-Strom mittels Windrädern.

Aus dem Physikunterricht in der Schule kennt ihr bestimmt das Experiment, in dem eine Spule mit einem Eisenkern in einem Hufeisenmagneten gedreht wird und dabei ein elektrischer Strom resultiert. So funktioniert im Prinzip auch ein Windrad, wo die Drehbewegung durch den vom Wind angetriebenen Propeller erfolgt. Da auf diese Weise große Mengen Strom erzeugt werden sollen, müssten entsprechend große Hufeisenmagnete her. Doch die sind extrem schwer und würden jedes Windrad zum Umkippen bringen. Also braucht man ein Material, das viel stärker magnetisch ist als das Eisen. Und das bin ich, das Neodym. Eine Legierung von mir mit Eisen und Bor hat sich als optimal herauskristallisiert. Davon braucht man relativ wenig Material, sodass der Turm des Windrades es tragen kann – und los geht die Produktion von Ökostrom.

Ich räume ein, dass die Solartechnik zur Gewinnung von Öko-Strom besser ist; aber die Windräder haben auch ihren Vorteil, insbesondere in Gegenden, wo nicht immer die Sonne scheint, dafür aber der Wind kräftig weht, z.B. an und in der Nordsee.

WOHIN mit all den modernen Hightech-Geräten, wenn sie nicht mehr funktionieren? Hier entsteht das nächste Problem, was (auch) uns Lanthanoide anbelangt. Da wir meistens in kleinen Mengen verwendet werden (wie Salz und Pfeffer, s.o.), wäre es eine wahre Tüftelarbeit, uns aus den Geräten auszubauen, sodass unser Recycling teuer wird – ganz anders als bei der PET-Flasche (Kap. 2.2.1.2) oder der Alu-Dose (Kap. 2.2.9.2). Also landen wir mit den Geräten in einer Verbrennungsanlage und dann mit der Schlacke auf einer Deponie, oder die Geräte werden dort direkt abgeladen. Verbrennen in einer modernen Anlage und Lagerung auf einer professionellen Deponie kostet den Hersteller der Geräte einiges. Die meisten Firmen nehmen das pflichtbewusst in Kauf, doch gibt es auch Organisationen, die den Hightech-Schrott etwas „kostengünstiger“, sprich illegal, irgendwohin schmeißen, möglichst so, dass es nicht direkt auffällt. Diese und andere Formen der Umweltkriminalität stehen heute der Drogenkriminalität kaum nach – Tendenz steigend, und sehr zum Schaden der Natur und Menschen.

Allmählich verteilen wir Lanthanoiden uns um die ganze Welt. Um unserer Dissipation – das ist der Fachausdruck dafür – entgegenzuwirken, wird es höchste Zeit, dass die Chemiker effektive Recycling-Verfahren entwickeln. Mir leuchtet nicht ein, warum man Hightech-Müll nicht sammeln, schreddern und dann ähnlich wie ein natürliches Erz, in dem wir ja auch nur in relativ kleinen Konzentration vorliegen, aufarbeiten kann? Das würde Abfall vermeiden und Ressourcen sparen.

2.2.9.7 Blei

ICH heiße Plumbum. Das klingt irgendwie lächerlich, drum nennt mich, liebe Studierende, bitte mit meinem deutschen Namen: Blei.

Eure Generation kennt mich vermutlich nur noch als Bestandteil der Autobatterie, dem *Blei-Akku* (Abb. 35) – nicht zu verwechseln mit der Lithium-Batterie in Elektroautos (Kap. 2.2.9.5). Im geladenen Zustand liege ich dort an der Anode als Metall in nullwertiger und an der Kathode als Bleidioxid in vierwertiger

Form vor. Vorsicht beim Wechseln der Batterie, sie enthält als Elektrolyt Schwefelsäure. Ihr braucht die Batterie unbedingt, um das Auto zu starten. Sonst könnt ihr mit ihrer Hilfe z.B. Autoradio hören. Die Batterie liefert elektrischen Strom, wenn Elektronen von nullwertigen zum vierwertigen Blei fließen, wobei an beiden Elektroden Bleisulfat, $PbSO_4$, entsteht, ein schwerlösliches Salz, in dem ich zweiwertig bin. Der ganze Prozess ist also ein fairer Ausgleich: Warum sollte ich den auch in der einen Form vier Elektronen mehr haben als in der andere? Man trifft sich beim Pb^{2+} in der Mitte.

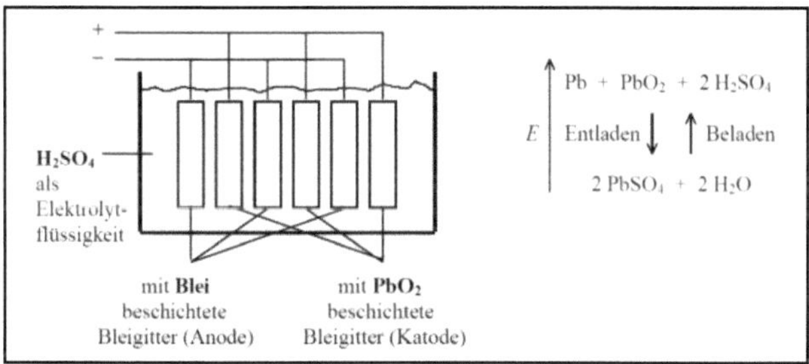

Abbildung 35: Funktion einer Autobatterie (Bleiakku) ([35], S. 169).

Früher waren *Wasserleitungen* aus Blei. Man hat mich für diesen Zweck gerne eingesetzt, weil ich nicht korrodiere, wie billigere Eisenrohre das täten. Heute macht man das aber nicht mehr, weil ich ein giftiger Stoff bin, zwar nicht in elementarer Form, aber in oxidierter. Und wenn jahrelang Wasser durch Bleirohre geflossen ist, blieb es nicht aus, dass doch ständig winzige Mengen Ionen von mir entstanden und ins Wasser gelangt sind und von der Generation eurer (Ur)Großeltern getrunken wurden. Das hat dann im Laufe von Jahrzehnten zu chronischen Bleivergiftungen geführt. Meistens habe ich mich in den Knochen der Menschen abgelagert, denn zufälligerweise bin ich als Pb^{2+}-Kation fast genauso groß wie das Ca^{2+}-Kation, sodass ich dieses in der Knochensubstanz ersetzen konnte. Die Knochen sind dann in Laufe der Zeit sprichwörtlich bleischwer geworden und leichter gebrochen. Mich in die Knochen zu schieben, ist von der Biologie eigentlich ein intelligenter Schachzug; denn dort richte ich den geringsten Schaden an. Ich könnte nämlich auch, da ich ein Metallkation bin, mit funktionellen Gruppen von Enzymen Komplexe bilden; das tue ich auch bei akuten Vergiftungen, wenn ich, aus welchen Gründen auch immer, in größerer Konzentration in den menschlichen Körper gelange. Und da ich dann lebenswichtige Moleküle blockiere, droht schon mal der Exitus.

Wieder einmal waren es kluge Chemiker, die mich in eine metallorganische Verbindung, das *Tetraethylblei*, $Pb(C_2H_5)_4$, umgewandelt und als Antiklopfmittel ins Benzin gemischt haben, damit der Automotor beim Verbrennen des Sprits ruhig läuft und nicht ruckelt (klopft). Das hat auch funktioniert; man ist aber der Verpflichtung zur Technikfolgeabschätzung nicht nachgekommen und hat nicht bedacht, dass ich ja aus dem Auspuff rausgekommen bin und in meiner organisch veränderten Form fettlöslich war, mich am Straßen- bzw. Highway-Rand auf den dortigen Pflanzen niederließ (oder direkt in den Lungen der Menschen) und über die Nahrungskette zu einem globalen Umweltgift wurde. In den 1980er Jahren, wurde mein Einsatz deshalb verboten und bleifreies Benzin als großartige Innovation gefeiert. Allerdings nicht überall auf der Welt. Es gibt noch zahlreiche Länder, in denen bleihaltiges Benzin Standard ist. Dort sollte man die Machthaber wegen fahrlässiger Körperverletzung ihrer Bevölkerung verklagen. Das traut sich aber niemand.

Mein Image ist also ziemlich ramponiert. Als Metall des Todes zu gelten ist nicht schön, deshalb bin melancholisch und oft matt und müde. Hört euch bitte einmal an, was Jens Soentgen über mich schreibt (Lesetext 13). Den Autor kennt ihr übrigens schon; er hat auch über das Wasser und dessen frische Lebendigkeit geschrieben (Lesetext 2). Ich beneide das Wasser.

Das Blei

Das Blei gilt als Metall der Melancholie und des Todes.
Das Gesicht des Bleis macht einen matten und müden Eindruck, ohne dass man genau sagen könnte, von welcher Sinnesqualität dieser Eindruck sich aufbaut. Das Blei glänzt nicht, es ist wie in graue Schleier gehüllt, auf seiner Oberfläche spielen nicht jene lustigen und geisterhaften Reflexe, welche den Eindruck der anderen Metalle beleben. Der Blick des Bleis ist ohne Glanz, stumpf, leblos. Seine Oberfläche ist eigentümlich weich und nachgiebig. Anders als alle Metallbleche wehrt sich ein Bleiblech nicht gegen unseren Versuch, es zu verbiegen, es setzt uns keine lebhafte Kraft entgegen, wie die anderen Metalle es tun, sein Widerstand gegen das Ver-

biegen ist die Trägheit eines leblosen Körpers, nicht jenes aggressive Sich-Wehren, wie wir es bei den elastischen Metallen erfahren.
Matt wie der Blick des Bleis ist auch seine Stimme. Wenn wir Blei hämmern, so hören wir nichts als ein dumpfes, klangloses Geräusch, einen erstickenden Ton. Ein Eisenblech, das wir mit dem Hammer bearbeiten, protestiert lebhaft und aggressiv gegen diese Provokation, das Blei nimmt sie hin, es schluckt, mit stumpfen Stöhnen fügt es sich unserem Willen.
Der Gesamteindruck der Mattigkeit und Müdigkeit wird noch verstärkt durch das abnorme Gewicht des Metalls. Seine lastende, drückende Schwere. Jeder kennt das unangenehm beengende Gefühl, wenn bei der Röntgenaufnahme die Bleigummischürze umgelegt wird. So prägnant ist der schwere Eindruck des Bleis, dass es sprachprägend gewirkt hat: Man spricht von bleierner Schwere, bleierner Müdigkeit, von einer bleiernen, lastenden Stimmung.
Einmal im Jahr erleben wir, wie sich das Gesicht des Bleis ein wenig aufheitert, ja wie es eine gewisse wässrige Spritzigkeit erlangt. Dies geschieht in der Sylvesternacht beim Bleigießen. Wir verflüssigen das Blei, und siehe da, silberhell glänzt die wellende Schmelze, ein zischender, lebhafter Ton entsteht, wenn das Blei ins Wasser gegossen wird. Jetzt liegen im Wasser glänzende, interessante Figuren, die dem Aberglauben nach die Zukunft anzeigen. Aber bald überziehen wieder die traurigen, matten Schleier den schönen Glanz, und das Blei fällt zurück in seine dumpfe, uralte Melancholie.

Lesetext 13: Die sinnliche Stofferfahrung von Blei [28].

Teil III: Weitergehendes Selbststudium

MEINE Vorlesung (siehe Teil II) hat in weiten Teilen einen erzählerischen Stil. Meistens habe ich versucht, die Bedeutung chemischer Stoffe für unser tägliches Leben und für das ganze Ökosystem Erde zu betonen, habe vor allem auch auf das, was in der Vergangenheit schiefgegangen ist, hingewiesen, habe Warnungen ausgesprochen und Verbesserungsvorschläge gemacht, die den Nachhaltigkeitszielen der Agenda 2030 gerecht werden. Nicht selten habe ich philosophische Gedanken geäußert sowie nette, lustige, aber auch schockierende Geschichten über die Stoffe erzählt. (Genauer gesagt habe ich Texte anderer Autoren direkt oder modifiziert wiedergegeben.) Ich hoffe, dass ich auf diese Weise die Hörerinnen und Hörer davon überzeugen konnte, dass die Chemie „einfach alles“ ist, wie es im Untertitel eines von mir geschätzten Lehrbuches [38] heißt. Vielleicht – oder sage ich lieber: hoffentlich – ist dadurch bei der bzw. dem einen oder anderen Studierenden das Interesse geweckt worden, mehr über die Chemie als „Central Science“, so der Untertitel eines zweiten tollen Lehrbuches [39], und das von ihr geprägte Leben zu erfahren und sich in diese Thematik zu vertiefen. Dazu möchte ich im Folgenden einige Bücher, Dokumentarfilme und ein Hörbuch wärmstens empfehlen.

Diese Empfehlungen richten sich auch an Lehrende, die ihr chemisches Fachwissen durch dazu passendes kulturgeschichtliches, wirtschaftliches, politisches und philosophisch-ethisches Hintergrundwissen bereichern möchten und dann in ihre eigenen Lehrveranstaltungen weitere Geschichten einfließen lassen, an die sich die Hörerinnen und Hörer bestimmt mit Freude erinnern werden.

3.1 Empfehlenswerte Bücher

EIN Muss ist die Lektüre von »Der stumme Frühling« [37] und »Die Grenzen des Wachstums« [22] (Abbildung 36). Aus dem Buch von Rachel Carson haben wir bereits das einleitende „Zukunftsmärchen“ gehört (Lesetext 11). Die Biologin hat in ihrem 1962 erschienenen Buch die durch Pflanzenschutzmittel verursachte Gefahr einer globalen Umweltvergiftung thematisiert und maßgeblich dazu beigetragen, dass der Einsatz von DDT und ähnlichen Verbindungen verboten wurde. 1972 erfolgte der erste Bericht an den Club of Rome, der als die Bibel der Umweltbewegung bezeichnet werden kann. Dennis Meadows und seine Mitarbeiter zeigten die sich anbahnenden Probleme durch Bevölkerungswachstum, Ressourcenverknappung und Umweltverschmutzung auf, die man zum damaligen Zeitpunkt in Ruhe hätte angehen und lösen können. Die Warnungen wurden zwar viel gehört und gelesen, waren aber vielleicht zu furchterregend, sodass sie bei vielen Menschen ins Unterbewusstsein verdrängt wurden und … weitgehend nichts geschah. Die Prognose von Dennis Meadows und seinem Team für die Mitte des 21. Jahrhunderts scheinen sich inzwischen zu bewahrheiten. Doch es wurden gut 30 Jahre verschlafen, um etwas dagegen zu tun. Heute beantwortet der 79jährige Meadows die Frage, ob die Welt noch zu retten sei, mit einem entschiedenen „No Way“ [40, 41].

Diese beiden Pflichtlektüren sollte man durch ein wunderbares Buch des mittlerweile 102jährigen James Lovelock ergänzen. Dieser Universalgelehrte, der die Erde in ihrer Gesamtheit als ein Lebewesen betrachtet (Gaia-Hypothese), ist wie sein deutlich jüngerer Kollege Dennis Meadows davon überzeugt, dass die Population der Menschheit genauso kollabieren wird wie andere Populationen von Lebewesen vor ihnen. Was ihm mit seinem 2016 erschienenen Buch »Die Erde und ich« [45] (Abbildung 36), zu dem zwölf renommierte Wissenschaftler aus der Physik, Astronomie, Chemie, Biologie, Geologie, Philosophie und Wirtschaft Beiträge geleistet haben und das phantasievoll illustriert ist, vorschwebt, sagt er im Vorwort: „… eine Art Überlebenshandbuch für ein neues dunkles Zeitalter, ein Leitfaden, der den Überlebenden einer zusammengebrochenen Zivilisation neu erklären könnte, wie unser Planet funktioniert hat und wie es zu seinem Niedergang kam.“ Das klingt sehr düster; das Buch ist aber wirklich phantastisch.

Abbildung 36: Die beiden berühmtesten Öko-Klassiker, »Der stumme Frühling« [37] von Rachel Carson und »Die Genzen des Wachstums« [22] von Dennis Meadows und seinem Team, sowie ein Überlebenshandbuch »Die Erde und ich« von James Lovelock [42].

EINGANGS habe ich erwähnt, dass ich viele Anregungen für das vorliegende Buch und meine Vorlesung aus der vierzehnbändigen Serie »Stoffgeschichten« des oekom-Verlags [4] erhalten habe. Die 14 Buchdeckel sind in der Abbildung 37 in der Reihenfolge der Buchveröffentlichungen zu sehen. Die Serie wurde vom Verlag in Zusammenarbeit mit dem Wissenschaftszentrum Umwelt der Universität Augsburg erstellt. Herausgeber sind Prof. Dr. Armin Reller und Privatdozent Dr. Jens Soentgen. (Letzteren kennen wir schon von Texten aus seiner Staatsexamensarbeit über die sinnliche Wahrnehmung der Stoffe Wasser (Lesetext 2) und Blei (Lesetext 13).)

Abbildung 37: Stoffgeschichten – eine vierzehnteilige Buchreihe des oekom-Verlags [5-18].

Vor dem Inhaltsverzeichnis jeden Buches steht eine kurze Beschreibung, was Stoffgeschichten sind und worum es in der Buchreihe geht (Lesetext 14). Eine ausführliche Darstellung des Konzeptes findet man auf der Website des Verlags [4 und 43, 44].

Stoffgeschichten

Die Dinge und Materialien, mit denen wir täglich hantieren, haben oft weite Wege hinter sich, ehe sie zu uns gelangen. Ihre Vorgeschichte wird aber im fertigen Produkt ausgeblendet. Was wir an der Kasse kaufen, präsentiert sich uns als neu und geschichtslos. Wenn man seiner Vorgeschichte aber nachgeht, stößt man auf Überraschendes und Erstaunliches. Auch Verdrängtes und Fragwürdiges taucht auf. Am Leitfaden der Stoffe zeigen sich in scharfer, neuartiger Beleuchtung die ökologischen und politischen Konflikte unserer globalisierten Welt.
Deshalb stellen die Bände der Reihe Stoffgeschichten einzelne Stoffe in den Mittelpunkt. Sie sind die oft widerspenstigen Helden, die eigensinnigen Protagonisten der Bücher. Ausgewählt und dargestellt werden Stoffe, die gesellschaftlich, ökologisch und politisch relevant sind. Stoffe, die Geschichte schreiben und geschrieben haben. Stoffgeschichten erzählen von den Landschaften, von den gesellschaftlichen Szenen, die jene Stoffe, mit denen wir täglich umgehen, durchquert haben. Sie berichten von den globalen Wegen, die viele Stoffe hinter sich haben, und blicken von dort aus in die Zukunft."

Hiernach folgt eine Kurzbeschreibung
des konkreten Buches aus der Serie.

Lesetext 14: Allgemeine, kurze Beschreibung der »Stoffgeschichten«, die jedem Buch aus der Serie des oekom-Verlags vorangestellt ist.

Die 14 Bücher folgen zwar einem einheitlichen Konzept; trotzdem hat jedes Buch seinen unverwechselbaren Stil, der sich vor allem aus dem Blickwinkel der Autorinnen und Autoren ergibt, die aus unterschiedlichen Berufsfeldern kommen. Jedes Buch ist lesenswert – garantiert!

Im Folgenden arbeite ich knapp die besonderen Akzente der Bücher heraus.

- ***Konfliktstoffe*** [15]. Dieses Buch ging aus der Habilitationsschrift von Jens Soentgen hervor und beruht auf Studien, die im Rahmen des Augsburger Forschungsschwerpunktes

„Stoffgeschichten", durchgeführt wurden. Es sei insbesondere den Lehrenden als *Einstiegslektüre* empfohlen, weil der Autor in einer 35seitigen Einführung und einem 15seitigen Schluss das fachdidaktische Konzept der Stoffgeschichten ausführlich erläutert. Im Hauptteil des Buches geschieht dies am Beispiel des Stickstoffs, der Wirkstoffe Aspirin und Heroin, dem Natur- und Kunstgummi sowie dem Kohlenstoffdioxid. Zum Schluss betont Soentgen, dass „sich mit diesem methodischen Instrument [der Stoffgeschichten] ökologische Zusammenhänge aufzeigen und Erkenntnisse gewinnen lassen, die auf anderem Wege überhaupt nicht oder allenfalls ganz am Rande in den Blick kommen."

- ***Kaffee*** [6]. Das Buch ist eine von Jens Soentgen kommentierte Neuerscheinung eines 1934 publizierten Buches von Heinrich Eduard Jacob (1889-1967). Dieser schreibt in der Einleitung: „Nicht die Vita Napoleons oder Caesars wird hier erzählt, sondern die Biographie eines Stoffes. Eines tausendjährigen, treuen und machtvollen Begleiters der ganzen Menschheit. Eines Helden. Wie man die Biographie des Kupfers oder des Weizens erzählen könnte, so wird hier das Leben des Kaffes unter und mit den Menschen erzählt. Sein Einfluss auf den Außenbau und den Innenbau der Gesellschaft; seine Verknüpfung mit ihren Geschicken und mit der Ursache dieser Geschicke." Es ist die ungewöhnliche literarische Herangehensweise, mit der der Journalist und Schriftsteller Heinrich Eduard Jacob die Stoffgeschichte des Kaffees verfasst, die ihn – 1934! – zum „Vater des Neuen Sachbuchs" macht, so die Neue Deutsche Enzyklopädie. Und Hermann Hesse adelte Jacob geradezu zum Dichter.
- ***Kakao*** [11]. Besuchen Sie zuerst das Schokoladenmuseum in Köln (das geht auch virtuell [45]) und lesen Sie dann das Buch – oder umgekehrt. Museum und Buch ergänzen sich nämlich allein schon dadurch, dass die Autorin Andrea Durry, die Soziologie, Afrikanistik und Völkerkunde studiert hat, im Schokoladenmuseum als Kuratorin arbeitet und ihr Coautor Thomas Schiffer dort ebenfalls mehrere Jahre tätig war und heute freier Ausstellungsmacher und Museumspädagoge ist. „Braunes Gold, süße Verführung, Aphrodisiakum, Opfergabe, Zahlungsmittel, Nahrung und Genuss – all das ist und war Schokolade", so heißt es in der Werbung

des Museums und macht hoffentlich neugierig auf die Formel des coffeinähnlichen Wirkstoffs Theobromin.

- ***Zucker*** [16]. Der Autor James Walvin, emeritierter Geschichtsprofessor an der Universität York, hat sich in seinem Lebenswerk intensiv mit der Geschichte der Sklaverei und des Sklavenhandels auseinandergesetzt. So auch in dem Buch »Zucker«. Es ist gerade für die heutige Jugend beeindruckend, wie ein Stoff, Zucker, seine immense weltwirtschaftliche Bedeutung nur verbunden mit Menschenverachtung und unsagbarem menschlichen Leid erlangen konnte. (Das Thema spielt auch in den Büchern über Kaffee und Kakao eine große Rolle.) Des Weiteren wird den Lesern des Buches bewusst, dass Zucker heute weiteres großes Leid in Form von Karies und Adipositas verursacht. Er ist eben nicht nur einfach „süß". Des Weiteren ist auch der Blick auf die Zucker-Technologie interessant.
- ***Holz*** [7]. Der Autor Joachim Radkau ist emeritierter Professor für Neuere Geschichte an der Universität Bielefeld und gilt als Begründer der Umweltgeschichte in Deutschland. Die Schlagworte Holz als CO_2-Speicher, Brennstoff, Baustoff und Basis für Papier dürften schon ausreichen, um die Bedeutung des Stoffes für die bisherige und zukünftige Entwicklung der Menschheit und des Planeten Erde zu beschreiben.
- ***N*** [13]. Für Ammoniak gab es drei Nobelpreise. Zunächst an Fritz Haber für die Synthese, dann für Carl Bosch für die Technik und 2007 für den Physikochemiker Gerhard Ludwig Ertl für die Aufklärung des Reaktionsmechanismus der NH_3-Synthese aus den Elementen, die Ertl in einem Kapitel des Buches beschreibt. Er ist zusammen mit Jens Soentgen Herausgeber des Buches, und in weiterer Kooperation mit dem Carl Bosch Museum in Heidelberg wurde eine sehenswerte Stickstoffausstellung „Grüner Klee und Dynamit – Der Stickstoff und das Leben" konzipiert, die unbedingt im Internet besucht werden sollte [46]! Das Buch zeigt zum Schluss einige Experimente rund um Stickstoff: Die Proteindenaturierung bei der Herstellung von Quark aus Milch; Nachweise von Stickstoffoxiden im Autoabgas und von Nitrat in Gewässern und Düngern; das Entflammen eines Tischtennisballs aus Zelluloid (= Nitrocellulose, „Schießbaumwolle").

- ***Phosphor*** [18]. Mitherausgeberin dieses Buches ist Kerstin Schlögl-Flierl, Professorin für Theologische Ethik an der Universität Augsburg und Mitglied des Deutschen Ethikrats. Sie bringt das Element Phosphor, dessen Name aus dem Griechischen kommt und übersetzt Lichtbringer oder -träger bedeutet, mit dem gefallenen Engel Luzifer und damit dem Teufel in Verbindung, eine Anspielung auf die todbringe Wirkung von Phosphor in Brandbomben, als Kampfgift Sarin (Abbildung 26) oder als Herbizid Roundup© (Abbildung 25) dessen Name schon Programm ist. Doch im Buch wird nicht nur diese Seite des Phosphors beleuchtet, sondern auch seine Bedeutung für das Leben, was sich in der DNA (Abbildung 20), dem ATP (Abbildung 21) oder den Knochen ausdrückt. Der Untertitel des Buches – Fluch und Segen eines Elements – ist also genau passend.
- ***Milch*** [12]. Dr. Andrea Fink-Kessler ist Leiterin des Büros für Agrar- und Regionalentwicklung in Kassel und forscht in den Bereichen Agrarpolitik, Ernährung und ländliche Entwicklung. In ihrem Buch arbeitet sie die Ambivalenz dieses Stoffgemisches heraus. Die Milch ist ein Lebenselixier, sie ist heilig, sie ist ein Allergen, sie ist ein Überschussprodukt der Massentierhaltung, sie ist die Basis für Käse, Joghurt, Quark … Interessant ist es für die Leserinnen und Leser gewiss auch, sich näher mit der Technologie der Milchaufbereitung und ihrer Folgeprodukte zu beschäftigen.
- ***Sand*** [17]. Zement, Beton, Solarsilizium und Computerchips – unsere Welt ist mehr als sprichwörtlich auf Sand gebaut. Doch Sand ist zu einem Konfliktstoff geworden, was der vielfach ausgezeichnete amerikanische Journalist Vince Beiser durch Reisen in Sand-„Krisengebiete“, insbesondere in Indien, aufzeigt. Denn der in schier unendlichen Mengen vorhandene Wüstensand ist für die genannten Anwendungen kaum nutzbar; man braucht vielmehr Quarzsand. Und dieser wird zunehmend rar, sodass sich in der Sand-Wirtschaft bereits mafiöse Strukturen gebildet haben.
- ***Aluminium*** [8]. Dieses Buch ist dasjenige aus der Buchserie, welches am meisten auf chemische Sachverhalte eingeht. So werden der Bauxit-Aufschluss und die Schmelzflusselektrolyse des Aluminiums und seine metallurgischen Eigenschaften ausführlich behandelt. Dabei betont die Wissenschaftsjournalistin Dr. Luitgard Marschall die be-

sonderen anwendungstechnischen Vorteile des Leichtmetalls und seine große Recycling-Fähigkeit, aber auch die gravierenden Belastungen der Umwelt beim Bauxit-Abbau und -aufschluss sowie den enormen Bedarf an elektrischer Energie für die Gewinnungselektrolyse.

- ***Seltene Erden*** [14]. Der Begriff „Gewürzmetalle" ist genial. Denn wie Pfeffer oder Salz in kleinen Konzentrationen einem Gericht den guten Geschmack verleihen, gelingt dies den Seltenen Erden bei vielen technischen Anwendungen, insbesondere in der Magnet- und Leuchtstofftechnik und Mikroelektronik. Allerdings ergeben sich zwei Probleme, wie die Wissenschaftsjournalistinnen Luitgard Marschall und Heike Holdinghausen schildern. Erstens die Abhängigkeit der Welt vom Hauptrohstoffland China und zweitens das ökologische Problem der Dissipation der 17 Elemente. Da sie in der Regel gemeinsam und mit anderen Gesteinen vorkommen, ist ihre chemische Aufbereitung kompliziert und mit viel Abraum, sprich Abfall, verbunden. Des Weiteren ist ein Recycling wegen der Anteile der Elemente in den Hightech-Produkten kaum möglich, sodass sie sich mit dem Elektronikmüll global verteilen.
- ***Dreck*** [10]. Wenn wir von einem Spaziergang nach Hause kommen, ziehen wir in der Regel die Schuhe aus, damit der „Dreck" von draußen nicht in die gute Stube gelangt. Doch dieser Dreck ist meistens gar nichts Negatives, wie man es mit dem Begriff assoziiert, sondern wertvoller Boden. Darum geht es in dem Buch. Neben klassischer Bodenkunde vermittelt der Autor David R. Montgomery, Geologie-Professor an der Universität Seattle, in seinem Buch, das im Orginal den Titel „Dirt" trägt und mit dem Washing State Book Award ausgezeichnet wurde, dass Migrationsbewegungen der Menschheit fast immer auf den Verlust an Bodenfruchtbarkeit zurückzuführen waren und immer noch sind. Montgomery wird deshalb zu einem unermüdlichen Mahner, dass Boden nicht durch falsche Bebauung und Landwirtschaft der Erosion von Wasser und Wind preisgegeben werden darf.
- ***Staub*** [5]. Jens Soentgen und Knut Völzke entwickelten eine Ausstellung „Staub – Spiegel der Umwelt" für das Wissenschaftszentrum der Universität Augsburg, die im Internet besucht werden sollte (muss) [47-49] und auf der das Buch

beruht. Es ist eine Einführung in die Bedeutung von mikro- und nanoskaligen Teilchen, wobei die faszinierenden Eigenschaften u.a. von Ruß, Asbest oder Aerosolen, aber auch deren gefährliches umwelt- und gesundheitsschädliches Potenzial aufgezeigt werden. Außerdem gibt es einige beschriebene und fotografierte Experimente mit Staub, z.B. dessen elektrostatische Anziehung oder eine Staubexplosion.

- ***CO_2*** [9]. Dieses Buch zeichnet sich durch eine breite Methodenvielfalt einzelner Beiträge verschiedener Autoren aus. So gibt es Interviews von Jens Soentgen, dem Herausgeber, mit einem Geologen, einer Glaciologin und einem Klimaforscher. Es wird berichtet, wie das Klima simuliert wird, wie Klimabilder erstellt werden, wie das CO_2 eventuell unterirdisch gespeichert werden kann und wie der „Klimakiller“ in den Medien wegkommt. Des Weiteren gibt es ein CO_2-im-Alltag-Alphabet (Bier als Beispiel für die alkoholische Gärung, Leitungswasser mit dem Calciumhydrogencarbonat-Puffer, Sprudel als in Wasser gelöstes CO_2), einige anschauliche Experimente mit Kohlenstoffdioxid sowie CO_2-Spaziergänge z.B. durch die Vulkaneifel, wo man CO_2 erleben kann, wie es aus dem Laacher See blubbert, oder durch ein Moor, wo man die CO_2-Speicherung durch Torfbildung studieren oder in einer Tropfsteinhöhle, wo man mineralisiertes Carbonat bewundern kann. Unbedingt besuchen sollte man die auch in Internet abrufbare Wanderausstellung „CO_2 – Ein Stoff und seine Geschichte“ [50]. Empfehlenswert ist es auch, einen Fragebogen, z.B. den von Brot-für-die-Welt, zu beantworten, um seinen persönlichen CO_2-Fußabdruck zu ermitteln [51]. Wir bekommen dabei meistens ein schlechtes Gewissen.

3.2 Empfehlenswerte Dokumentarfilme

VOR zwei Jahren habe ich mit einer Gruppe Studierender Dokumentarfilme zu den Themen Ernährung, Umwelt und Ökologie analysiert. Wir nannten unser Seminar das Darmstädter Öko-Filmfestival [52]. Die in der Abbildung 38 gezeigten Filme haben uns besonders gut gefallen. Deshalb möchte ich sie den Leserinnen und Lesern des vorliegenden Buches bzw. den Hörerinnen und Hörern meiner Vorlesung als thematische Ergänzung ans Herz legen. Alle neun Filme sind erstklassiges Edutainment. Das ist ein Kofferwort aus *Education* und *Entertainment*, also unterhaltend und bildend zugleich. Tolle Abende im Heimkino sind garantiert!

Abbildung 38: Empfehlenswerte Dokumentarfilme [53-61] und ein spannendes Hörbuch (rechts unten) [62].

Die Titel der meistens preisgekrönten Filme sprechen für sich, sodass ich mich hier mit der Beschreibung kurzfassen möchte. Spätestens wenn Sie den Trailer zu einem Film gesehen haben, werden Sie sich auch den ganzen Film anschauen und mit viel neuem Wissen und gleichzeitig emotional berührt, aufgerüttelt, frustriert, schockiert … herausgehen.

- ***Gasland*** [53]: Über den ökologische Wahnsinn des Frackings und wie die USA von Erdgasimporten unabhängig geworden sind.
- ***Blaues Gold*** [54]: Wasser ist Menschenrecht – für das gekämpft werden muss und wird.
- ***Symphony of the Soil*** [55]. „Staub bist du, und zum Staub kehrst du zurück." Mit diesem Bibelwort ist der Kreislauf des Lebens beschrieben. Dem Boden entspringt alles, in den Boden kehrt letztlich alles zurück. Deborah Koons Garcia hat dem Boden eine wunderbare Symphonie gewidmet. Mein Lieblingsfilm.
- ***Magie der Moore*** [56]. Moore sind nicht nur faszinierende Biotope, sondern auch höchst effiziente CO_2-Speicher. Die Wieder-Bewässerung (Renaturierung) der einst zur Torf-Gewinnung und Tierhaltung trockengelegten Moore ist ein Gebot der Stunde, um dem Klimawandel zu trotzen.
- ***Unser Essen*** [57]: „Der Mensch ist, was er isst!" Nach dem Film ist man von dem Sinn einer ökologisch-nachhaltigen Landwirtschaft überzeugt und eher bereit, zum Veganismus zu konvertieren oder zumindest Vegetarier zu werden.
- ***Vorsicht Gentechnik?*** [58]. Man beachte das Fragezeichen hinter dem Titel. Gentechnik in der Landwirtschaft ist ambivalent. Pflanzen mit einem Resistenzgen gegen Glyphosat (Roundup Ready©) – nein, danke! Der Film legt die Machenschaften der Glyphosat-Erfinder-Firma Monsanto schonungslos offen. Golden Rice, der aufgrund einer gentechnischen Veränderung zusätzlich Vitamin A enthält – ja, bitte! Dadurch kann einer Mangelernährung in ärmeren Ländern vorgebeugt werden.
- ***Das System Milch*** [59]. Ein Film über den Speziezismus, wie der Mensch sich dem Tier überlegen fühlt. Das Cover-Bild der Film-CD sagt alles. In der Massentierhaltung werden Hochleistungskühe gezüchtet und sinnbildlich ausgequetscht.
- ***Die Akte Aluminium*** [60]. Eine gute Wiederholung der Vorlesung über das Leichtmetall und seine Verbindungen (Kapitel 2.2.9.2) in anschaulichen Bildern.
- ***Plastic Planet*** [61]. Über die Schattenseiten der eigentlich durchaus nützlichen Kunststoffe.

3.3 Empfehlenswertes Hörbuch

In meiner Vorlesung ist das Kapitel 2.2.8 über Wirkstoffe und Arzneimittel in Anbetracht der enormen Bedeutung dieser natürlichen und synthetischen Chemikalien relativ kurz ausgefallen. Das ist hauptsächlich damit zu begründen, dass die dahintersteckende Chemie für *Nicht*-MINT-Erstsemester zu „schwer" ist. Die Formel von (Acetyl)Salicylsäure ist noch „zumutbar", aber Morphin können die Studierenden von seiner Struktur her kaum verstehen. Dieses Schmerzmittel und sein Derivat Heroin habe ich zusammen mit Coffein und Nikotin wegen ihrer Berühmtheit in die Vorlesung aufgenommen. Meine Hörerinnen und Hörer sollen die Formeln einmal gesehen haben; in der Prüfung abgefragt werden sie nicht.

Da es aber ein wichtiges Nachhaltigkeitsziel der Agenda 2030 ist, die Gesundheit aller Menschen auf der Welt zu verbessern, spielen die Erforschung neuer Wirkstoffe und die Entwicklung innovativer Medikamente und Impfstoffe eine große Rolle. Deshalb möchte ich den nicht-naturwissenschaftlich studierten Laien ein phantastisches Hörbuch empfehlen: »Moleküle, die Geschichte schrieben – Stern- und Schicksalsstunden der Arzneimittelforschung« [62]. Diesem liegt ein fachdidaktisches Konzept zugrunde, das dem der »Stoffgeschichten« vom oekom-Verlag sehr ähnlich ist. Der Autor Andreas S. Ziegler ist promovierter Pharmazeut und Wissenschaftsjournalist und erzählt in knapp zwei Stunden spannende, humorvolle und vielseitig lehrreiche Geschichten über 25 der bekanntesten Arzneimittel: Vitamin C, Morphin, Lachgas, Glyceroltrinitrat, Acetylsalicylsäure, Barbiturate, Salvarsan, Insulin, Prontosil, Penicillin, Streptomycin, LSD, Thalidomid, Warfarin, Cortison, Antimetabolite, Alkylanzien, Benzodiazepine, Antibabypille, Rapamycin, Artemisinin, ACE-Hemmer, Exenatid.

Hier sind sechs kurzgefasste Kostproben, was die Hörerinnen und Hörer erwartet.

- *Vitamin C.* Ein geniales Experiment. Bei den monatelangen Seereisen im 15.-18. Jahrhundert zur Erkundung und Eroberung der neuen Welten befiehl viele Schiffsleute die Krankheit Skorbut. Das Zahnfleisch verfaulte, die Zähne fiele aus, die Krankheit drang weiter in den Körper und endete manchmal tödlich. 1754 stellte der Schiffsarzt James

Lind die Hypothese auf, dass Skorbut eine Mangelerkrankung sei. Deshalb teilte er die Schiffsbesatzung in mehrere Gruppen – heute würde man sie Probanden nennen – und gab jeder Gruppe jeden Tag neben der üblichen Mahlzeit aus Pökelfleisch und Zwieback etwas Besonders, u.a. Essig, Alkohol oder eine Zitrusfrucht. Bei diesem vorbildlich systematisch angelegten wissenschaftlichen Experiment kam heraus, dass nur die Matrosen, die täglich eine Apfelsine oder Zitrone aßen, nicht erkrankten. Nach der Reise empfahl Lind allen Kapitänen, auf ihren langen Fahrten zur See Apfelsinen und Zitronen für ihre Mannschaft mitzunehmen … und das Skorbut-Problem war gelöst. Was der entscheidende antioxidierend wirkende Stoff war, erfuhr der Schiffsarzt nicht mehr, denn er wurde erst 1932 isoliert, kristallisiert und charakterisiert (Abbildung 17). Da der Stoff gegen (= anti) Skorbut wirkt und saure Eigenschaften auf weist, wurde er Ascorbinsäure genannt.

- *Lachgas*. Man hatte festgestellt, dass Personen, die das durch vorsichtiges Erwärmen von Ammoniumnitrat entstehende Gas Distickstoffmonoxid, N_2O, einatmen, taumelnde Bewegungen machten und dabei ein fröhliches Lächeln ausstrahlten. Das wurde zunächst eine belustigende Zirkusattraktion. Als der Zahnarzt Horace Wells 1844 einem mit „Lachgas“ beglückten Menschen einen Weisheitszahn zog, ohne dass der Patient Schmerz empfand, war das erste Inhalationsnarkotikum entdeckt und revolutionierte das Operationswesen.
- *Veronal*. Emil von Behring hatte einen offensichtlich müde machenden Stoff entwickelt. Auf einer Reise von Berlin nach Basel nahm er diesen in einem Selbstversuch zu sich, um ausgeruht am Zielort anzukommen. Das Mittel wirkte aber so stark, dass der Forscher erst aufwachte, als der Zug die Schweiz längst durchquert hatte und im italienischen Verona angekommen war. Also wurde das erste kommerzielle Schlafmittel auf den Namen Veronal getauft.
- *LSD*. Bei der Erforschung des Mutterkornpilzes hatte Albert Hofmann das <u>L</u>yserg<u>s</u>äure<u>d</u>iethylamid synthetisiert, von dem er sich eine den Kreislauf stimulierende Wirkung versprach, sodass er den Stoff im Selbstversuch erprobte. Sein Assistent beobachtete seine merkwürdige Bewusstseinsveränderung, seinen Schwindel und geweitete Pupillen, sodass er ihm riet,

sich nach Hause zu begeben. Das tat Hofmann auch, mit dem Fahrrad. Seinem Mitarbeiter war das nicht geheuer, sodass er seinem Chef besorgt hinterherfuhr. Nachher erzählte er, Hofmann sei schwankend gefahren, und zuhause angekommen habe er den Nachbarn als böse Hexe beschimpft. Das war der erste Bericht über einen Horrortrip, verursacht durch eine psychodelisch wirkende Substanz. Der Tag ging als Bicycle Day in die Geschichte der Medizin ein.

- *Warfarin.* Dieser Stoff war ursprünglich ein Rattengift. Als sein Wirkmechanismus, die Hemmung der Blutgerinnung, sodass die Ratten innerlich verbluten, erforscht war, kam die Idee auf, eine mögliche Heilwirkung bei Verstopfungen von Blutgefäßen zu eruieren. Einer der ersten erfolgreich behandelten Patienten war Präsident Eisenhower, der einen Herzinfarkt erlitten hatte. Nun, wenn der mächtigste Mann der Welt mit einem Rattengift kuriert werden konnte, musste der Stoff wohl ein wahres Wundermittel sein … und wurde zum Wegbereiter der blutverdünnenden Medikamente.
- *Valium.* Leo Sternbach hatte schon als Schüler eine Vorliebe für kristallisierende Stoffe. Und auch als Chemiker bei Hoffmann La Roche erzeugte er wunderschöne Kristalle, diesmal aus der Gruppe der Benzodiazepine. Eine Verbindung erhielt den Namen Valium und wurde in den 1960er Jahren das am meisten benutzten Beruhigungsmittel, welches vielen Menschen half, mit Angst und dem zunehmenden Stress in einer aufgedrehten Leistungs-, Wettbewerbs- und Konsumgesellschaft klar zu kommen. Die Rolling Stones haben Valium mit ihrem Welthit „Mother‘s Little Helper“ ein musikalisches Denkmal gesetzt.

Lassen Sie sich überraschen von Geschichten, die man nicht vergisst! Ich verleihe dem Hörbuch das Prädikat „besonders wertvoll“.

3.4 Prüfung

Das deutsche Hochschulwesen schreibt vor, dass überprüft werden muss, ob das Unterrichtete von den Studierenden auch verstanden worden ist und ob sie es wiedergeben und für neue Fragestellungen anwenden können. Nun kann ich in einer Klausur zu meiner Vorlesung natürlich die Formel von Calciumphosphat oder den Hochofenprozess zur Eisenherstellung abfragen, aber warum sollten nicht auch einmal Stoffgeschichten als Klausuraufgaben verwendet werden?

Zwei Beispiel dafür. Eine Anregung stammt aus dem Buch »Das Periodische System« von Primo Levi, der über zentrale Aspekte des Kohlenstoff-Kreislaufes ein Märchen geschrieben hat [63], das in der Klausuraufgabe 1 in modifizierter und verkürzter Form nacherzählt wird und in chemische Reaktionsgleichungen umgesetzt werden soll. Die Idee zur Klausuraufgabe 2 lieferte mir das im Stickstoff-Buch des oekom-Verlags [13] erwähnte heitere und belehrende Bühnenspiel von Karl Räder unter dem Titel »Der Streit der Pflanzennährstoffe« [64]. Der ehemalige Redakteur der BASF-Werkszeitung ließ am 24.1.1931 unweit der Landwirtschaftlichen Versuchsanstalt des Chemiekonzerns im Gasthaus Limburgerhof ein von ihm verfasstes Theaterstück uraufführen, in dem sich sämtliche Pflanzennährstoffe vor einem Schiedsgericht um ihre Bedeutung streiten. Dabei ergreift auch der Stickstoff das Wort und wird in seine Schranken verwiesen. Zu dieser großartigen deutschen Theaterdichtung sollen die Prüflinge den agrochemischen Hintergrund erläutern.

Damit sind Stoffgeschichten ist deutsche Prüfungswesen eingezogen. Ob das eine fachdidaktische Sensation ist, mag dahingestellt sein.

Es war einmal ein Kohlenstoffatom …

… im Kalkstein, der in einem Ofen auf über 1000 °C erhitzt wurde. Da machte sich das Atom mit zwei Sauerstoffgefährten aus dem Staub. Die drei Kumpel wurde eine zeitlang vom Wasser im Ozean gebunden, dann aber wieder ausgespuckt, so dass sie vom Wind zu einem Weinberg geweht wurden. Dort ruhten sie sich in einem Blatt aus, bis ein Lichtstrahl sie traf, ein turbulentes Leben seinen Anfang nahm und erst zu einem vorläufigen Ende kann, als das C-Atom in ein Zuckermolekül in der Rebe eingebaut war. Mit viel Glück entging es dem Prozess der alkoholischen Gärung, wurde aber von einem Weintrinker verschluckt und in dessen Körper verstoffwechselt. Danach war es wieder mit zwei Sauerstoffatomen allein. Doch das freie Leben in der Luft war nur von kurzer Dauer. Kaum hatte eine Baumkrone die verbundenen drei Atome eingefangen, mussten sie als Holz zum Stabilisieren des Baumes beitragen. Bis ein Holzwurm sie aus der

Sklaverei befreite. Der starb bald darauf. Jahre vergingen, und das Kohlenstoffatom wurde Teil des Humusbodens.

Klausuraufgabe 1: Bitte setzen Sie dieses Kohlenstoffchemie-Märchen in Reaktionsgleichungen um.

Streit der Pflanzennährstoffe

Bauer Schaffklug: „Ich bin ganz wirr von dem Studieren Der vielen Düngesalz-Broschüren. Ich weiß bald nimmer aus noch ein, Welch' Nährstoff soll der beste sein? [...] Der Stallmist reicht mir nicht mehr aus, Die müden Böden mergeln aus. [...] Wenn ich was raushol' aus den Böden, Dann ist doch auch Ersatz vonnöten! Ich will nun heute endlich Klarheit! Ich will Belehrung! Ich will Wahrheit! Die ganzen Dünger – ich will Licht! – Die müssen heut vor's Schiedsgericht!"

Herr Stickstoff: „Ich bin im Garten, Wald und Feld Der Wachsmotor der Pflanzenwelt! Wenn ich, Herr Präsident, nicht wär, Wär rund die Erde grau und leer. Ich web der Landschaft grünes Kleid, Des Menschenauges Trost und Freud. Ich bilde Eiweiß, geistdurchwebt, Von welchem Tier und Menschheit lebt. [...] Ob ich Ammon heiß, ob Salpeter: Mich braucht im Pflanzenreiche jeder! Ob ich aus Luft stamm, ob organisch, Mein Wirken, das ist fast titanisch! [...] Ich bin der große Düngerkönig! Wo ich nicht bin, wächst nur ganz wenig, Und die dahinten für und für Sind arme Bettler neben mir!"

Richter: „Grüß Gott! Mein lieber Herr Professor! Die Wissenschaft weiß vieles besser. Drum bitt' ich Sie voll Hochachtung Gutachtlich jetzt um Äußerung!"

Prof. Maximum: „Wohl sind sie alle gleichbedeutend, Doch das allein ist nicht entscheidend. Zum Wachstum jeder nötig ist: Kalk, Kali, Stickstoff, Phosphor, Mist. Denn der Ertrag hängt davon ab, Dass keiner davon ist zu knapp. Sonst kommt der Bauer in die Enge: Nach der geringst' vorhandenen Menge Von einer einz'gen Nährstoffklasse Sinkt oder steigt die Erntemasse. [...] So haben Technik, Wissenschaft, Vereint mit prakt'scher Landwirtschaft, Schon beispielsweise genial Erzielt ein Nährstoff-Ideal, In dem in wunderbarer Norm, Und in dreifält'ger klass'scher Form Vereint ist, was den meisten Böden Im großen ganzen ist vonnöten: „Nitrophoska" wird es genannt, Schon allgemein ist es bekannt."

Klausuraufgabe 2: Bitte erläutern Sie den chemischen Hintergrund dieses Streits der Pflanzennährstoffe.

Zusammenfassung und Ausblick

SEHR geehrte Damen und Herren, machen wir zum Schluss ein Spiel. Nennen Sie bitte Eigenschaften von A-Z und mindestens einen Stoff, der die jeweilige Eigenschaft aufweist, ggf. mit einer kurzen Begründung. Hier mein Vorschlag:

a) Antioxidierend: Vitamin C
b) Blau: Indigo
c) Chaotisch: Alle Gase, weil sie sich regellos bewegen
d) Dehnbar: Kautschuk (Gummi)
e) Explosiv: Cellulosetrinitrat (Schießbaumwolle)
f) Fiebersenkend: Acetylsalicylsäure (Aspirin©)
g) Genial: Chlorophyll, der Vermittler zwischen Sonnenlicht und irdischem Leben
h) Halbleitend: Silizium, das anorganische Pendant zum Chlorophyll
i) Idiotisch: Tetraethylblei als hochgiftiges Antiklopfmittel im Benzin
j) Jubelnd: Das Gold als schönstes Element
k) Kriegsentscheidend: Uran-235 in der Atombombe
l) Lecker: Zucker
m) Matt: Das glanzlose Blei
n) Narkotisierend: Distickstoffmonoxid (Lachgas)
o) Oxidierend: Sauerstoff, das Element der Verbrennungen
p) Problematisch: Nach Paracelsus alle Stoffe, je nach ihrer Konzentration
q) Qualmend: Feinstaub (Ruß) aus Autoabgasen und Kohlekraftwerken
r) Reduzierend: Wasserstoff
s) Schrecklich: Der Kampfstoff Sarin
t) Toxisch: Ozon in Bodennähe (Fotosmog)
u) Unverzichtbar: 20 α-Aminosäuren
v) Vernichtend: Glyphosat, für alle Pflanzen ohne ein Resistenz-Gen
w) Wiederverwertbar: Flaschen-PET (Polyethylenterephthalat)
x) Xenonähnlich: Alle sonstigen Edelgase
y) Ytterbiumähnlich: Alle sonstigen Lanthanoiden
z) Zugfest: Die Cellulose-Faser in der Baumwolle und im Holz

Obwohl spontan und gewiss nicht fachsystematisch zusammengestellt, verrät meine Liste, wie vielseitig die Chemie ist und wie unterschiedlich veranlagt die Stoffe sind. Es sind eben „Typen“, jeder Stoff ist einzigartig, jeder erzählt seine Lebensgeschichte. Und wenn man alle diese Stoffe – und die vielen noch fehlenden dazu – mit ihren Eigenschaften zusammenfasst, lässt sich praktisch die ganze Welt und ihre Historie beschreiben und insbesondere das, was das Leben auszeichnet und auch uns Menschen prägt.

Jetzt könnten wir eine ähnliche Liste mit menschlichen Stärken und Schwächen erstellen, um speziell das Leben in menschlichen Gesellschaften zu charakterisieren. Ich will hier nur drei Eigenschaften hervorbeben, die direkt mit dem Ziel zusammenhängen, das Leben auf der Erde insgesamt nachhaltig zu gestalten.

1. *Die menschliche Gier*
   Schon Eva und Adam, denen es im Paradies bestens ging, wollten trotzdem mehr haben: einen Apfel. Als sie ihn pflückten, haben sie die Grenze des paradiesischen Zustandes überschritten … und das Elend nahm seinen Lauf.
   Höher, weiter, schneller – ein Muss im Leistungssport, die Gier nach Erfolg.
   2 % Wachstum des Bruttoinlandsproduktes ist das pseudoreligiöse Dogma der kapitalistischen Wirtschaft. Z.B. muss ein Milchbauer seine Produktion steigern, um konkurrenzfähig zu bleiben, und braucht deshalb mehr Kühe. Im Sanskrit bedeutet das Wort für „Krieg“ wörtlich: „Wunsch nach mehr Kühen.“
   Vielen Menschen ist das Haben wichtiger als das Sein. (Vgl. das Kultbuch »Haben oder Sein« von Erich Fromm [65].)
   Mit dieser Denkweise lässt sich ein nachhaltiges Leben auf unserem Planeten nicht erreichen.
2. *Die menschliche Fehlbarkeit*
   Juval Noah Harari prangert zu Recht an, dass der Homo sapiens von der Allmachtphantasie besessen ist, zum Homo deus zu werden und alles im Leben in seinem Sinne realisieren und kontrollieren möchte [66]. In dem durchaus verständlichen Wunsch nach Perfektion steckt etwas Tragisches. Man kann es auch einfach so ausdrücken: „Gut gedacht ist noch nicht gut gemacht.“ Wir haben in der Vorlesung dazu zahlreiche Beispiele kennengelernt. Man

hielt Dichlordifluormethan für das optimale Treib- und Kühlmittel … und verursachte das Ozonloch. Man konnte mit Phosphat die Wasserhärte in der Waschmaschine stabilisieren … und bewirkte die Eutrophierung vieler Gewässer. DDT war die Superwaffe gegen Malaria … und wurde zum globalen Umweltgift. Es hat jeweils ungefähr 20 Jahre gedauert, bis der Schäden durch ein technisches Produkt offensichtlich wurde und nicht mehr abgestritten werden konnte.
Hans Jonas hat dazu in seiner Bibel der Ethik »Das Prinzip Verantwortung« in Anlehnung an Immanuel Kant den *ökologischen Imperativ* formuliert: *„Handle so, dass die Wirkungen deiner Handlung verträglich sind mit der Permanenz echten menschlichen Lebens auf Erden."* Doch mit der Technikfolgeabschätzung hapert es. Ist es ein Naturgesetz, dass ca. 20 Jahre nach einer menschlichen Erfindung deren Schattenseiten hervortreten? Wenn wir über nachhaltige Entwicklungen reden, sollten uns unsere Fehler in der Vergangenheit eine deutliche Mahnung sein. Wir Menschen und unser Tun sind fehlbar.
3. *Der menschliche Erfindergeist*
Wow, was hat der Mensch alles erfunden! Z.B. neuerdings in kürzester Zeit Impfstoffe gegen Corona. Das macht zuversichtlich. Forschung für nachhaltige Entwicklungen müssen deshalb unbedingt gefördert werden. Gewiss sollten wir nicht blind darauf vertrauen, dass in 20 Jahren dank neuer technischer Entwicklungen kein Kohlenstoffdioxid mehr in die Atmosphäre emittiert wird. Aber was es zu dem Zeitpunkt an Innovationen geben wird, wissen wir heute noch nicht.

WAS können, sollen, müssen wir jetzt tun, meine sehr verehrten Damen und Herren? In der Vorlesung habe ich zahlreiche Missstände in der Chemischen Industrie und anderswo offengelegt, aber auch viele positive Verfahren gelobt sowie einige zukunftsweisende Technologien hervorgehoben. Man sollte zunächst an den großen Schrauben drehen, d.h., das, was eindeutig schlecht ist, schnellstmöglich stoppen, und das, was eindeutig positiv und zukunftsweisend ist, mit großem Elan zügig vorantreiben:

- Hier, an erster Stelle, möchte ich meine feste Überzeugung wiederholen, dass die Natur mit der Fotosynthese etwas Geniales vollbringt, das wir nachahmen sollten; d.h., möglichst viele Solarzellen installieren, auf allen Häuserdächern, aber vor allem Mega-Solarkraftwerke in Wüstengebieten bauen, weil dort tagsüber fast immer die Sonne scheint, keine ökologisch wichtigen Landschaften gefährdet sind und es keine Nachbarschaftskonflikte gibt.

- Den Ökostrom sollten wie überall dort verwenden, wo bislang Strom aus Kohle, Erdöl oder Erdgas oder Atomkraftwerken zum Einsatz kommt.
- Insbesondere alle großtechnischen Elektrolysen wie die Schmelzflusselektrolysen zur Gewinnung von Aluminium oder Seltenen Erden sowie die Chloralkalielektrolyse sollten mit Öko-Strom betrieben werden.
- Geheizt werden sollte bei großtechnischen Prozessen ebenfalls mit Öko-Strom, beispielsweise beim Elektrolichtbogenverfahren zur Siliziumherstellung.
- Carbothermische Reduktionsverfahren sollten – sofern chemisch möglich – durch Reduktionen mit grünem Wasserstoff, der durch die Elektrolyse von Wasser mit Öko-Strom gewonnen wird, ersetzt werden; an erster Stelle die Eisengewinnung aus Eisenoxid.
- Chemische Verfahren, bei denen bislang grauer Wasserstoff zum Einsatz kommt, sollten mit grünem Wasserstoff durchgeführt werden, allen voran die Ammoniak-Synthese.
- Erdgaskraftwerke sollten in Zukunft mit grünem Wasserstoff betrieben werden.
- Die private Auto-Mobilität sollte weitgehend durch einen ausgebauten und verbesserten öffentlichen Verkehr ersetzt werden. Wenn schon private Autos, dann bitte solche, die mit Wasserstoff in einer Brennstoffzelle angetrieben werden.
- Der Konsum von Fleisch und Milchprodukten muss reduziert werden. Dann könnte die momentane Massentierhaltung durch eine Öko-Landwirtschaft mit geringen Umweltbelastungen (Überdüngung, übertriebener Pflanzenschutz, Methan-Emissionen von Rindern) ersetzt werden.
- Wir brauchen eine Kreislaufwirtschaft. Dazu muss viel mehr recycelt werden als bislang. Neue Recycling-Methoden müssen erforscht werden, z.B. zur Aufarbeitung von Elektronik-Schrott.

Das sind die Maßnahmen, welche die höchste Effizienz bei Umwelt- und Klimaschutzmaßnahmen versprechen.

Aber auch die kleinen guten Taten im Alltag sind wertvoll; das Ausschalten des Lichtes beim Verlassen eines Raumes, das Zudrehen des Wasserhahns während des Zähneputzens … unverzichtbar vor allem aus pädagogischen Gründen, denn das Umweltbewusstsein wird dadurch nachhaltig geschult.

Schließlich gibt es exzellente Methoden zur Luftreinhaltung, Abwasserreinigung und Trinkwassergewinnung. Sie müssen konsequent überall auf der Welt eingesetzt werden. Des Weiteren haben wir eine hervorragende Umweltgesetzgebung, was der Natur entnommen werden bzw. in sie eingeleitet werden darf und in welchen Mengen. Diese Gesetze müssen überall streng eingehalten werden. Doch wenn die Profitgier größer ist als die ökologische Vernunft? Wenn Umweltkriminalität der einfachere Weg ist? Kann man dann nicht gleich singen: „Alle Menschen werden Brüder" oder auf Plakate schreiben „No more war – give peace a chance"?

ICH möchte einen vorsichtigen Optimismus verbreiten, dass wir in den nächsten 30 Jahren die ökologische Wende schaffen können, falls uns der Klimawandel noch so viel Zeit lässt (und Corona sowie Putin et al nicht stören). So frustriert wie Dennis Meadows bin ich nicht, der auf die Frage, ob die Welt noch zu retten sei, ohne zu zögern mit „No Way" antwortet [40, 41]. Aber beim Schreiben dieses Buches kam ich mir trotzdem manchmal so vor wie der Pfarrer aus der Beatles-Lied »Eleanor Rigby«, der an einer Predigt schreibt, die keiner hören oder lesen wird.

Mut machen und Hoffnung geben uns die sogenannten Kollapsologen, die sagen, wir sollten damit aufhören, uns vorzumachen, dass wir eine Klimakatastrophe noch abwenden können, dass wir uns aber sehr wohl konstruktiv darauf vorbereiten können [68]. Wir sollten unsere Erwartungen herunterschrauben: *Das Gute und fachlich Richtige tun, nicht um die ganze Welt zu retten, sondern einfach nur, weil es das Gute und Richtige ist.* Alle oben beschriebenen Maßnahmen sind sinnvoll; wenn sie den Klimawandel schon nicht ganz aufhalten können, so werden sie seine dramatischen Auswirkungen aber gewiss abmildern. Und dann hätten wir mehr Zeit, Maßnahmen gegen die Naturgewalten zu treffen (Deichbau, Brandschutz …) und globale Migrationsströme in ordentliche Bahnen und eine natur- und menschengerechte Zukunft zu lenken.

Literatur- und Quellenangaben

Die hier und im vorangegangenen Text angegebenen Hyperlinks wurden zuletzt am 6.4.2022 überprüft.
Die meisten Formeln in den Abbildungen im Teil II dieses Buches wurden aus Wikipedia kopiert. Sie sind dort unter dem jeweiligen Verbindungsnamen zu finden. Gleichzeitig erhält man dort vielfältige weitergehende Informationen über die Verbindungen.

[1] V. Wiskamp: Die globale Metakrise aus dem Blickwinkel der Chemie – Vorschläge für Seminare und Projektarbeiten. – Books-on Demand (BoD), Norderstedt 2021
[2] V. Wiskamp: „Geh‘ mir aus der Sonne“ – Das Ökologische Manifest – 95 Thesen – Chemie-Lehrende aller Länder, vereinigt euch! – Books-on Demand (BoD), Norderstedt 2021
[3] V. Wiskamp: Vom Anthropozän ins Symbiozän
Eine virtuelle Museumsausstellung mit Begleitseminar. – Books-on Demand (BoD), Norderstedt 2021
[4] https://www.oekom.de/buecher/stoffgeschichten/c-175
[5] J. Soentgen, K. Völzke (Hrsg.): Staub – Spiegel der Umwelt. – oekom verlag, München 2005
[6] H. E. Jacob: Kaffee – Die Biographie eines weltwirtschaftlichen Stoffes. – oekom verlag, München 2006
[7] J. Radkau: Holz – Wie ein Naturstoff Geschichte schreibt. – oekom verlag, München 2012
[8] L. Marschall: Aluminium – Metall der Moderne. – oekom verlag, München 2008
[9] J. Soentgen, A. Reller (Hrsg.): CO_2 – Lebenselixier und Klimakiller. – oekom verlag, München 2009
[10] D. R. Montgomery: Dreck – Warum unsere Zivilisation den Boden unter den Füßen verliert. – oekom verlag, München 2010
[11] A. Durry, T. Schiffer: Kakao – Speise der Götter. – oekom verlag, München 2012
[12] A. Fink-Keßler: Milch – Vom Mythos zur Massenware. – oekom verlag, München 2013
[13] G. Ertl, J. Soentgen (Hrsg.): N – Stickstoff – ein Element schreibt Weltgeschichte. – oekom verlag, München 2015
[14] L. Marschall, H. Holdinghausen: Seltene Erden – Umkämpfte Rohstoffe des Hightech-Zeitalters. – oekom verlag, München 2018

[15] J. Soentgen: Konfliktstoffe – Über Kohlendioxid, Heroin und andere strittige Substanzen. – oekom verlag, München 2019
[16] J. Valvin: Zucker – Eine Geschichte über Macht und Versuchung. – oekom verlag, München 2020
[17] V. Beiser: Sand – Wie uns eine wertvolle Ressource durch die Finger rinnt. – oekom verlag, München 2021
[18] S. Emeis, K. Schlögl-Flierl (Hrsg.): Phosphor – Fluch und Segen eines Elements. – oekom verlag, München 2021
[19] V. Wiskamp, M. Azizi, D. Susdorf, L. Woldeiesus: Lernvideos aus dem Internet – Mehr als Lückenfüller in der Corona-Zeit. – Chemie in Labor und Biotechnik (CLB) 72 (2021), Heft 3-4, S. 162-170; http://www.clb.de/download/zusammenstellung-von-chemie-lernvideos.pdf
[20] Die Bundesregierung: Globale Nachhaltigkeitsstrategie – Nachhaltigkeitsziele verständlich erklärt. – https://www.bundesregierung.de/breg-de/themen/nachhaltigkeitspolitik/nachhaltigkeitsziele-verstaendlich-erklaert-232174
[21] https://de.wikipedia.org/wiki/Hans_Carl_von_Carlowitz und https://de.wikipedia.org/wiki/Nachhaltigkeit_(Forstwirtschaft)
[22] D. L. Meadows, D. Meadows, E. Zahn, P. Milling: Die Grenzen des Wachstums – Bericht des Club of Rome zur Lage der Menschheit. – Deutsche Verlags-Anstalt, Stuttgart 1972
[23] V. Wiskamp: Das Wunder des Lebens – Gedanken zu einer Biochemie-Vorlesung. – Skaker Verlag, Aachen 2008, S. 14
[24] https://de.wikipedia.org/wiki/Paracelsus
[25] K. Lucas: Das Entropiegesetz. – VDI-Nachrichten, 4.5.1991
[26] T. Flannery: Wir Wettermacher – Wie die Menschen das Klima verändern und was das für das Leben auf der Erde bedeutet. – Fischer-Verlag, Frankfurt 2006, S. 92
[27] T. Flannery: Wir Klimakiller – Wie wir die Erde retten können. – Fischer-Verlag, Frankfurt 2007, S. 74
[28] J. Soentgen: Die sinnliche Stofferfahrung und ihre Bedeutung für den Chemieunterricht. – Staatsexamensarbeit an der Universität Frankfurt, Frankfurt 1993
[29] https://de.wikipedia.org/wiki/CO2-Abscheidung_und_-Speicherung

[30] Competitive Enterprise Institute: Global Warming – „Energy". – https://www.youtube.com/watch?v=7sGKvDNdJNA
[31] A. Gore: Eine unbequeme Wahrheit. – United International Pictures 2006; Trailer: https://www.youtube.com/watch?v=SlAjwZx_UpU
[32] Y. N. Harari: Eine kurze Geschichte der Menschheit. – 35. Aufl., Pantheon Verlag, München 2015
[33] https://de.wikipedia.org/wiki/Aralsee
[34] F. Kürschner-Pelkmann, D. Scher, B. Wiesmeier: 10 Fragen zum Menschenrecht auf Wasser – Argumentationsleitfaden zur Kampagne „Menschenrecht Wasser". – Brot für die Welt, Stuttgart, S. 11 (bzw.: Eine Welt 2002, Heft 2, S. 13f); www.menschen-recht-wasser.de
[35] V. Wiskamp: Anorganische Chemie. – 3. Auflage. – Europa Lehrmittel – Edition Harri Deutsch, Haan-Gruiten 2018 (mit CD-ROM)
[36] F. Hundertwasser: Scheißkultur – die heilige Scheiße, 1989; http://www.evchens.de/anplackt/hundertwasser/scheisse.html
[37] R. Carson: Der stumme Frühling. – 127.-130. Aufl., Verlag C. H. Beck, Nördlingen 2007
[38] P. W. Atkins, L. Jones: Chemie – einfach alles. – Wiley VCH (mehrere Auflagen)
[39] T. L. Brown, H. E. LeMay, B. E. Bursten: Chemistry – The Central Science. – Pearson (mehrere Auflagen)
[40] Dokumentation der Volkswagenstiftung: Die Grenzen des Wachstums – Ist die Erde noch zu retten? https://www.youtube.com/watch?v=9tviH_W-Q3M
[41] ZDF-Dokumentation: Letzte Warnung – Die Grenzen des Wachstums. – https://www.youtube.com/watch?v=LHumC1PGu6Q
[42] J. Lovelock: Die Erde und ich. – Taschen GmbH, Köln 2016;
[43] https://www.oekom.de/beitrag/was-heisst-und-zu-welchem-ende-studiert-man-stoffgeschichte-225
[44] M. Huppenbauer, A. Reller: Stoff, Zeit und Energie – Ein transdisziplinärer Ansatz zu ökologischen Fragen. – Gaia 5 (1996), Nr. 2, S. 103-115; https://www.oekom.de/_files_media/mediathek/download/gaia_stoffgeschichte_huppenbauer_reller_42.pdf
[45] https://www.schokoladenmuseum.de/

[46] Wissenschaftszentrum der Universität Augsburg in Kooperation mit dem Carl Bosch Museum Heidelberg: Grüner Klee und Dynamit – Der Stickstoff und das Leben. – www.stickstoffausstellung.de
[47] http://www.staubausstellung.de/index.php?id=8
[48] https://www.uni-augsburg.de/de/forschung/einrichtungen/institute/wzu/projekte/abgeschlossen/staub-spiegel-der-umwelt/
[49] J. Soentgen: Vom Sportplatzbelag zum Nanopartikel: Die Kulturgeschichte des Staubes. – GAIA 14 (2005), Nr. 1, S. 14-17; file:///C:/Users/fbc1018/Downloads/js_sportplatzbelag_gaia2005%20(1).pdf
[50] Ausstellung der Wissenschaftszentrums der Universität Augsburg: CO_2 und seine Geschichte; http://www.co2-story.de/index.php?id=startseite
[51] Brot für die Welt: Teste Deinen ökologischen Fußabdruck! – https://www.fussabdruck.de/
[52] V. Wiskamp: Zukunft als Katastrophe – Seminar über die Bedrohung der Erde in filmischer Aufarbeitung: Darmstädter Öko-Filmfestival. – Chemie in Labor und Biotechnik (CLB) 72 (2021), Heft 1-2, S. 46-62; siehe auch [1], Kap. 11, S. 205-235
[53] J. Fox: Gasland. – Cinema Management Group, 2010. – Trailer: https://www.youtube.com/watch?v=dZe1AeH0Qz8. – Ganzer Film: https://www.youtube.com/watch?v=jV-bENteDiE
[54] S. Bozzo: Blaues Gold – Der Krieg der Zukunft. – CMV Laservision, 2010. – Trailer: https://filmsfortheearth.org/de/filme/blaues-gold
[55] D. Koons Garcia: Symphony of the Soil. – Lily Films, 2013. – Trailer: https://www.youtube.com/watch?v=K5QYZ-LRXW4. Ganzer Film: https://www.youtube.com/watch?v=tDZVKMe2FTg
[56] J. Haft: Magie der Moore. – nautilus film, 2015. – Trailer: https://www.youtube.com/watch?v=nHncr_6M7to
[57] D. Koons Garcia, C. L. Butler: Unser Essen – The Future of Food. –, Lilly Films, 2004. – Trailer: https://filmsfortheearth.org/de/filme/unser-essen
[58] F. Castaignède: Vorsicht Gentechnik. – ARTE, 2016. – https://www.arte-edition.de/item/4055.html?s=bnxnndfxtftr7j4gzbqu6nb4zil5f65hq4ftkz

[59] A. Pichler: Das System Milch. – Tiberius Film, 2017. – Trailer: https://www.youtube.com/watch?v=wR4BrE9myAs
[60] B. Ehgartner: Die Akte Aluminium. –
Langbein & Partner Media Production, 2013. –
Trailer: https://www.youtube.com/watch?v=lDE2lNGwge0. –
Ganzer Film: https://www.youtube.com/watch?v=PuE9rdSK9Oo
[61] W. Boote: Plastic Planet; Thimfilm, 2009.
Trailer: https://www.youtube.com/watch?v=mlgmG4OrdyU
[62] Andreas S. Ziegler: Moleküle, die Geschichte schrieben – Stern- und Schicksalsstunden der Arzneimittelforschung. – Hörbuch, Hirzel-Verlag, Stuttgart 2011
[63] P. Levi: Das Periodische System. – 5. Aufl.,
Deutscher Taschenbuchverlag, München 2002, S. 241-250
[64] K. Räder: Der Streit der Pflanzennäherstoffe – Heiteres und belehrendes Bühnenspiel. – Selbstverlag, Bad Dürkheim 1931; https://www.schule-bw.de/faecher-und-schularten/gesellschaftswissenschaftliche-und-philosophische-faecher/landeskunde-landesgeschichte/module/bp_2016/der_industrialisierte_nationalstaat/wirtschaftliche_und_gesellschaftliche_veraenderungen/brot-und-krieg-fuer-die-welt-carl-bosch-1874-1940-und-die-folgen-der-loesung-des-stickstoff-problems-zu-beginn-des-20-jahrhunderts/t8.pdf
[65] E. Fromm: Haben oder Sein – Die seelischen Grundlagen einer neuen Gesellschaft. – Deutsche Verlagsanstalt, Stuttgart 1976
[66] Y. N. Harari: Homo Deus – Eine Geschichte von Morgen. – 13. Aufl., Verlag C.H.Beck, München 2017
[67] H. Jonas: Das Prinzip Verantwortung – Versuch einer Ethik für die technologische Zivilisation. – Neuausgabe mit einem Nachwort von Robert Habeck. – Suhrkamp Verlag, Berlin 2020
[68] J. Franzen: Wann hören wir auf, uns etwas vorzumachen? – Gestehen wir uns ein, dass wir die Klimakatastrophe nicht verhindern können. – Rowohlt Taschenbuch Verlag, Hamburg 2020

Der Autor

Dr. Volker Wiskamp (geb. 5.3.1957) ist seit 1989 Professor an der Hochschule Darmstadt und unterrichtet dort im Fachbereich Chemie- und Biotechnologie in der Grundausbildung die Fächer Allgemeine, Anorganische und Analytische Chemie, Organische und Industrielle Chemie, Bio- und Naturstoffchemie und hat den fachdidaktischen Arbeitsschwerpunkt Umweltschutz und Ökologie, insbesondere im Rahmen des fächerverbindenden Chemieunterrichts.

Im Verlag Books on Demand (BoD, https://www.bod.de/) sind 2021 diese drei Bücher, auch als E-Books, von V. Wiskamp erschienen (254, 116 bzw. 122 Seiten, ISBN: 978-3-7534-6007-9, 978-3-7543-2363-2 bzw. 978-3-7557-6002-3):

Prof. Dr. Volker Wiskamp
Hochschule Darmstadt, Fb. Chemie- und Biotechnologie
Gebäude B 15, Stephanstraße 7, 64295 Darmstadt
Tel.: 06151-1638215, E-Mail: volker.wiskamp@h-da.de